U0504877

时代心理·大师名作

The Neurotic Personality Of Our Time

我们时代的神经症人格

[德]卡伦·霍尼（Karen Horney） 著
李进林 译

全国百佳图书出版单位
APGTIME 时代出版
时代出版传媒股份有限公司
安徽人民出版社

图书在版编目(CIP)数据

我们时代的神经症人格/(德) 卡伦·霍尼著;李进林译.—— 合肥 :安徽人民出版社，2021.1

ISBN 978-7-212-10848-9

Ⅰ.①我… Ⅱ.①卡… ②李… Ⅲ.①病态心理学—研究 Ⅳ.①B846

中国版本图书馆 CIP 数据核字(2020)第 219017 号

我们时代的神经症人格

Women Shidai De Shenjingzheng Renge

[德]卡伦·霍尼 **著**　　李进林 **译**

出 版 人:陈宝红　　**责任印制**:董　亮
责任编辑:张　旻　程　璇　　**装帧设计**:宋文岚

出版发行:时代出版传媒股份有限公司 http://www.press-mart.com
安徽人民出版社 http://www.ahpeople.com
地　　址:合肥市政务文化新区翡翠路 1118 号出版传媒广场八楼
邮　　编:230071
电　　话:0551-63533258　0551-63533292(传真)
印　　刷:合肥现代印务有限公司

开本:710mm×1010mm　1/16　**印张**:16　**字数**:194 千
版次:2021 年 1 月第 1 版　2021 年 1 月第 1 次印刷

ISBN 978-7-212-10848-9　**定价**:45.00 元

推荐序

数穷廓落，困于历室。往登玉堂，与尧侑食。

——《易林·大壮之升》

心理咨询界有个奇怪现象，就是："东方不亮西方亮，美国不红中国红。"

比如《道德经》和禅宗，经常被美国治疗师引用，但中国心理咨询师们却不太喜欢这些祖传秘方，就像西医崇拜者厌恶中医一样，所谓"东方不亮西方亮"。

而另一方面，在美国大红大紫的认知行为流派到了中国却没有那么畅销，尤其在发达版块城市圈，怎么也红不过荣格和霍尼这样的美国非主流，正是"美国不红中国红"。

在埃里克·希雷(Eric Shiraev)编著的《心理学史》中，就体现了这种悖论，此教材第二章，把儒释道列为人类心理学史远祖。但是到此书结尾总结时，却来了这么一句，"中国和其他国家在它们大学中建立了心理学专业，它们对精神分析及其历史和方法的兴趣逐渐增长。……一个新的关于精神分析在历史中的地位以及可能发展的讨论将会兴起。"(埃里克·希雷著，郑世

彦、刘思诗等译,2018)

霍尼、弗洛姆等人的思想早在20世纪八九十年代,已经红红火火闯九州,时至如今,仍未随西风缥缈远走,未变成残破光秃的山头或枯萎凋零的花朵。

个中原因诸多,比如著作本身的口语化,比如经济困境让出版商乐于出版公版作品,等等,但是本文意图从临床实践和文化创伤的角度,探索霍尼在当下仍广受欢迎的深层次原因。

主要论点如下:

1. 她最早描绘了自恋人格障碍,尤其是提出自恋人格和文化紧密相关。

2. 批判了男权主义,提升了女性价值,对性别平权运动特别有启示。

3. 她后期走向禅宗,与东亚文化具有文化亲切性。

本文不准备对霍尼学说进行细致的介绍。这是因为:首先,霍尼本人文风平直简易,无太大的阅读难度;其次,霍尼自己也会在其书籍中做出大意总结,比如《我们时代的神经症人格》开篇就是全书大意总结;再次,市面上已经有较好的总结霍尼的书籍,重点推荐一本——葛鲁嘉、陈若莉著的《文化困境与内心挣扎——霍尼的文化心理病理学》,系统全面地介绍了霍尼的著作理论,并且进行了反思和评述,此书在1999年出版,但是内容质量,可以说不可思议地优秀,甚至超过英文著作。(葛鲁嘉、陈若莉,1999)

故本文针对的读者是渴望进一步反思霍尼理论之人,也就是,此人读完霍尼著作后,抬头望月,一声长叹,两行清泪或老泪沿着腮边落下,同时观察到自己的情绪,爱恨交错人消瘦,悲欢起落人静默,不禁自问:这位大胆反叛弗洛伊德的女精神分析师，何以会叩开鄙人年轻的心扉或尘封的心门？

答案在于：首先，霍尼最早系统地描述自恋人格障碍，而自恋人格障碍是当前心理咨询界的主要客户群，同时，她又提出自恋人格是文化的产物，这对于竞争文化下的人们来说特别服帖。

在霍尼之前，精神分析者中很多人也描述过自恋性格，比如弗洛伊德、阿德勒和荣格。但是霍尼和他们不同在于，霍尼在职业生涯早期，就从欧洲移民到了美国。众所周知，美国文化尤其强调竞争。

这形成了霍尼的人格理论的基础，可以总结如下：

其一，社会文化中鼓励竞争，缺乏温情。比如狼性文化，比如末位淘汰制度，比如996工作制度。（注996，指每天从早九点到晚九点工作，每周6天。）

其二，竞争和冷酷，也被吸收到父母的育儿文化中。比如“三岁就上常青藤”“赢在起跑线，赢在娘胎里”等鸡血育儿口号。

其三，弥漫社会的竞争文化，形成了人类的基本焦虑。这些焦虑通过四套防御来处理：(1)渴望温情，处处寻求共情、温暖和抱持。(2)屈从权威，顺从听话。(3)追求权力，努力学习，升官发财。(4)回避人类，佛系存在。

其四，这四类防御长期存在，过度使用，形成了霍尼所说的神经症性人格基础。

这类个案具有三大竞争主义特性。分别是：(1)他人中心主义，“别人家孩子”比较主义。与他人在所有方面竞争，而且专门用自己劣势去和别人优势比较。(2)完美主义。即便胜过了所有人，自己也不放过自己，自己和内心另一个完美自我展开竞争。比如既要做完美主妇，又要做完美职场英雄。正如霍尼派分析师DeRosis所言，自恋者不是执迷于“真我”，而是执迷于一个完美、理想的自我。这种对完美的贪婪，让他们高度脆弱。(DeRosis，1981)(3)成王败寇主义。人生的每一场竞争只有一个胜利者，只有金牌才有价值，铜牌、银牌都是垃圾，都是“鲁蛇”(loser)，只有常青藤大学才有价值，其他大学都是垃圾，都是“鲁蛇”。最终形成“鲁蛇”恐惧症，人生正常的失败、正常的挫折，都被体验为无法承受的奇耻大辱。

为了适应这三大主义——他人中心主义、完美主义和成王败寇主义，人们又形成了四大追求：追求权力、追求虚名、追求发财和追求关爱。追求权力是用于防御无助感，追求虚名用于防御羞耻感，追求发财是用于防御贫乏感和无价值感，而追求关爱是用于防御冰冷感。

这四大追求中，追求关爱是最有可能带来疗愈的，但是自恋者追求的爱变成了爱的陷阱，用大白话来说，就是自己挖坑自己跳。

这是因为爱本来是条清澈的河流，可是当它被三大主义污染后，它就具有了如下特性：(1)完美主义，要求爱是无条件的。只有对方牺牲一切，才觉得是真爱。这样这个人就永远得不到“真爱”了，因为她定义的真爱并不存在，结果就是没爱活不了，永远不满足。(2)竞争主义，让爱情也变成了你死我活的竞争。和伴侣展开竞争，贬低伴侣。如果发现伴侣超过自己，比如他是常青藤大学毕业，我是普通大学毕业，就会嫉妒攻击，破坏他的事业或身心健康。久而久之形成无性夫妻。结果只能找各方面都不如自己的伴侣。(3)他人中心和比较主义。认为最好的老公老婆，永远都是别人家的老公老婆，从而不再相信爱，玩世不恭。从人那里得不到足够的爱，就转移到购物、贪吃、读书等活动上。生命本能从追求关爱，回到追求权力、追求发财、追求虚名的路途上。(4)成王败寇主义。自己容易嫉妒,一开始用崇拜来掩盖自己的嫉妒和攻击,一旦发现自己崇拜的伴侣有缺点,就觉得自己的整个爱情失败了。无法佩服、无法欣赏伴侣,成了爱情关系中杠精。从该买什么样西瓜到该穿什么样的衣服,生活中的每一件小事都要抬杠,都要展开辩论,展开权力争夺,阵地攻防。

这些现象,对我们来说都特别熟悉、特别亲切,好像霍尼老师就生活在我们身边一样。这是因为:竞争确实是当下文化的一大特征。竞争精神用于企业发展、科技进步当然是有利的,但是用于夫妻关系、家庭教育,则自然容易造成偏颇,而且难免会有一部分人口竞争过度出现自恋人格。

本文的第二个论点是霍尼批判了男权主义,提升了女性价值,对性别平权运动特别有启示。

Susan Tyler Hitchcock 写了一本书《卡伦·霍尼:女性心理学的先驱》,就是把霍尼更多看作女性主义心理学的鼻祖之一。不可否认,在当今社会,无论是在职场还是家庭生活中,某些人的头脑里仍然存在"重男轻女"的思想。

重男轻女分为两类:一类是经济性重男轻女,另一类是情结性重男轻女。

经济性重男轻女,主要是因为男性被设定为家庭经济主体,通过把儿子划分为传家人,把女儿划分为外姓,从而划分不同的经济责任,有利于内外有别。女儿全心全意认同自己是老李家的媳妇,而不再是老张家的大女儿,也有利于家庭稳定。

经济性重男轻女,往往随着经济模式的改变而改变,并不会带来女儿自我价值感的毁灭性打击。比如家庭富裕,就男孩女孩一样爱,甚至可能给女儿的嫁妆更多一些,担心女儿嫁过去受气。比如女儿要是能够和男孩一样赚钱，爸妈也就重视女孩。

而情结性重男轻女，本质上是一种自恋性投射。把全能完美的意象投射到男孩身上，把无能软弱这样的意象投射给女孩，造成了女孩的自卑，男孩的自恋。

这类情结性重男轻女背景下成长的女孩，非常类似霍尼描述的自恋人格者：她自尊心很脆弱，对拒绝敏感，人际关系中正常的冷落、拒绝，都会造成崩溃，被体验为个人价值丧失。她追求虚名，哪里有虚名，就跑去哪里，会让自己没有办法安心做好一件事。她崇拜名人，但是内心又想羞辱自己崇拜的名人。有些女孩会出现“好学综合征”，或者说“好学人格”，这是因为她在童年期发现，竞争胜过男孩的最好手段之一就是读书学习，但是这些女孩读书不是因为喜欢阅读，而是因为读书对她而言是安全的，读书才能得到别人的赞赏和温情。

这一类自恋人格障碍者比较接近于现在所说的害羞型自恋人格障碍(Shy Narcissistic Personality Disorder)，这类人有四大特点——低自尊，高敏感，害怕人，强超我。(Akhtar，2000，详见注解1)

而霍尼认为，这些女孩的痛苦，不是来自于生物学缺陷，而是源于有问题的文化价值观被内化了。

说了这么多，那么，霍尼给文化制度下这些患病的众生开出的药方是什么呢？

这是本文的第三个论点，也就是如何一方面能够摆脱传统文化的桎梏，开创一种新的文化形态；另一方面，又可以吸收传统文化的优势，和传统文化并行不悖？尤其是东亚的禅宗文化，就是这样一种文化。

霍尼本人，在其生前，并没有提出一个系统完整的疗法，她隐约地注意到了，帮助来访者活出真我、自我实现，是分析的目标，而这样就必然要求来访者学会自我分析，而不是长期依赖分析师。正如国际精神分析协会主席 Kernberg 提出，自恋者最大的敌人是时间，分析师容易和自恋者合谋，让自恋者长期依赖自己。（Kernberg, 2008）

可以说一直到 Irving Solomon，才系统地总结了霍尼的技术，他创作了一本霍尼学派的手册，名为《卡伦·霍尼与性格障碍》，提出霍尼派主要技术之一就是重新阐述各种文化教条，各种暴虐的"应该"主义，比如"你应该成名""你应该完美"，等等。这些技术后来逐渐被认知行为疗法的先驱 Albert Ellis 吸收，构成了认知行为疗法分析歪曲思维的理论基础。（Solomon, 2006）

我们回到霍尼的基础假设，就知道，文化最终是通过一个个具体的人，尤其是父母而传递的。比如说缺乏温情和崇尚竞争，都需要一个个父母吸收了这种文化理念，传递给孩子们，这种文化才会有力量。只要有一个父母抵抗这种文化，充满温情地养育了他们的孩子，这孩子长大后哪怕是身处自恋文化的包围，他也可以抵御其影响。电影《阿甘正传》就是这么一个故事，阿甘的母亲充满了温情，不是一个竞争狂魔，而是鼓励儿子活出天性、活出人生的最好状态。

这种面对世俗文化的勇气，就是常说的个性化或者分化（individuation）。Jeff Mitchell 意识到了霍尼理论中包含着这个因素，从而提出，霍尼理论和荣格理论几乎一样，都是倡导人们形成一种高度个人分化的道德心性，让一个人具有和而不同的道德心性修养。这个过程是通过个人的小我和自然的大我，建立稳固联结而形成的。（Mitchell, 2014）

霍尼晚年和日本的佛教界有比较密切的往来。在霍尼之后的继承者中，大多对佛教尤其是日本禅宗颇有好感，认为禅宗是修通内心冲突、疗愈自恋人格的一个好方法。禅宗让人摆脱二元对立，抽空了建立在二元对立基础上自我的立足点，这样，自我当然也就没有了过度竞争的动力，以禅宗所说的平常心对待社会竞争。又因为抽空了二元对立，所以禅宗修行者，对所有人都是一种平怀，本质上是对一切众生产生了无条件接纳，就像母亲对其独子一般，这样也就化解了霍尼所说的温情缺乏。(Morvay，1999;Demartino，1991，Westcott，1998)

在这种情况下，一个人的人格，就像一个小树，扎根在慈悲无别的大地上，柔以时升刚中而应，在和风吹拂中愉快生长，积小以高大，逐渐与空性无垠的蓝空合为一体。

李孟潮，精神科医师，个人执业

注解 1

害羞型自恋人格障碍有以下四个维度的特征：

第一，自尊调节：低自尊感，阻止真实的自我评价(自我欣赏)和自我能力的发展，因为自己的抱负或夸大的目标而感到羞耻，会产生出补偿性的夸大幻想，幻想自己是特殊的或完美的，无法承受批评。

第二，情绪调节：高度敏感，低情绪耐受性，超强的羞耻反应，害怕失败，情绪抑制和疑病倾向。

第三，人际关系：在人际关系和职场抑制，难以忍受展示自我，难以忍受来自他人的关注，对于羞辱和批评过度敏感，会表现得引人注目，讨人喜欢，谦虚和低调，存在真正理解他人的困难，无法告诉别人自己对别人的真实想法，有强烈的嫉妒感。

第四，超我调节：过高的、严格的道德标准和良心要求，严厉的自我批评，有不可达到的、隐藏的自我理想，容易感到后悔和内疚。

参考文献

埃里克·希雷(Eric Shiraev)，2018.心理学史(第二版)[M].郑世彦，刘思诗，柴丹，等译.北京：机械工业出版社.

葛鲁嘉，陈若莉，1999.文化困境与内心挣扎：霍妮的文化心理病理学[M].武汉：湖北教育出版社.

Akhtar S，2000. The Shy Narcissist. Changing Ideas In A Changing World：The Revolution in Psychoanalysis[J]. Essays in Honour of Arnold Cooper，111-119.

Danielian J，1988. Karen Horney and Heinz Kohut：Theory and the Repeat of History[J]. Am J Psychoanal，48(1)：6-24.

DeMartino R J，1991. Karen Horney，Daisetz，T Suzuki，and Zen Buddhism[J]. Am J Psychoanal，51(3)：267-283.

DeRosis L. E，1981. Horney Theory and Narcissism[J]. Am J Psychoanal，41(4)：337-346.

Hitchcock S. T，2005. Karen Horney：pioneer of feminine psychology[M]. New York：Chelsea House Publishers.

Kernberg O. F，2008. The Destruction of Time in Pathological Narcissism[J]. Int J Psycho-Anal，89(2)：299-312.

Morvay Z，1999. Horney，zen，and the real self：theoretical

and historical connections[J]. The American Journal of Psychoanalysis, 59(1): 25-35.

Mitchell J, 2014. Individualism and moral character[M]. New York: Taylor & Francis.

van den Daele L, 1981. The Self-Psychologies of Heinz Kohut and Karen Horney: A Comparative Examination[J]. Am J Psychoanal, 41(4): 327-336.

Westkott M, 1998. Horney, Zen, and the Real Self[J]. Am J Psychoanal, 58(3): 287-301.

Solomon I, 2006. Karen Horney and Character Disorder: A Guide for the Modern Practitioner[J]. Springer.

序言

我写这本书的初衷，是为了给生活在我们当中的神经症患者描绘一幅画像，精准呈现那些实际驱动他的内心冲突、他的焦虑、他的痛苦，以及他在与别人及自己的关系中遇到的诸多困难。在本书中，我并未着眼于任何特定类型的神经症，而是集中探讨在这个时代几乎所有神经症患者身上，以不同形式反复出现的性格结构。

神经症患者身上实际存在的冲突，他为解决这些冲突而做的尝试；他身上实际存在的焦虑，以及他为对抗这些焦虑而建立的防御，这些都是我关注的重点。但关注现实情境，并不代表我否认神经症在本质上源于早期童年经历。我与许多精神分析学家的不同之处在于，我并不赞同把注意力片面地集中于童年时期，也不认同患者后来的行为仅仅是早期模式的重复。我想表明的是：童年经历和后来的冲突之间的关系，比那些关注因果的精神分析学家所设想的要复杂得多。尽管童年经历为神经症提供了决定性的条件，但它并不是患者成年后出现困扰的唯一原因。

当我们把注意力集中于实际的神经症困难时，我们认识到，神经症并不仅仅是偶然的个人经历造成的，也受到我们身处的特定文化环境的影响。文化环境不仅给个人经历添上了浓墨重彩的一笔，更起着决定性的作用。例如，一个人有着一位专横跋扈或“自我牺牲”的母亲，这是个人的命运；但这位母亲身上的这些特征都是特定的文化环境导致的。而且，也正是因为这些特定的文化环境，这种经历才会影响个人以后的生活。

当我们认识到文化条件对神经症的重要影响时，被弗洛伊德认为是神经症根源的生物和生理因素就退居幕后了。只有出现大量事实依据时，这些次要因素的影响才会被纳入考虑范围。

以这些思想为基础，我对神经症中的一些基本问题做出了全新诠释。诠释的过程涉及一些迥异的问题，例如受虐倾向、对爱的病态需要的内涵、病态负罪感的含义等，但它们都有一个共同的基础，即强调焦虑在产生神经症性格倾向中所起的决定性作用。

由于我的许多诠释与弗洛伊德的观点不同，一些读者可能会问，这还是精神分析吗？这一问题的答案取决于你如何看待精神分析的本质。如果你认为精神分析完全是弗洛伊德的那一套理论，那么我的诠释就不是精神分析。但如果你认为精神分析的本质在于某些基本的思想倾向，这些思想倾向关注的是无意识过程的作用、表现方式，以及把这些过程带入意识的治疗方法，那么我所呈现的就是精神分析。在我看来，局限于弗洛伊德所有的理论解释会使得我们在神经症患者身上，只能发现弗洛伊德理论希望我们发现的东西。这是一种食古不化的危险。我相信，对弗洛伊德的巨大成就真正的尊重，应该是对他奠定的基础继续加以巩固发展。只有这样，我们才能实现精神分析在未来的愿景，使其既可以作为一种理论方法又可以进行治疗实践。

这些观点也回答了另一个可能提出的问题：我的诠释在某种程度上是否属于阿德勒学派。确实，我的某些观点与阿德勒理论有相似之处，但从根源上说，我的解释是基于弗洛伊德的理论。事实上，阿德勒的理论正说明即使是对心理过程富有创造性的洞见，如果不以弗洛伊德的基本观点为基础，仅片面地进行探索，也可能会变得贫瘠（sterile）。

这本书的主要目的，并不是为了强调我与其他精神分析学家的分歧。就整体而言，我只在自己的观点与弗洛伊德的理论明显相左时，才会加以争论。

我在这里介绍的，是我在对神经症的长期精神分析研究中的所得。若要把我的理论依据一一呈现，我应该把许多详细的案例都加入进来，但对于一本旨在概括性介绍神经症问题的书，这一过程无疑显得过于烦琐。不过，即使没有这些材料，学者甚至普通读者仍然可以验证我观点的正确性。如果你是一个细心的读者，你可以把我的假设与自己的观察和经验进行比较，并且在此基础上，否认、接受、修正或支持我所说的一切。

本书通俗易懂，为了条理清晰，我避免讨论过多细枝末节；我也尽可能避免使用专业术语，因为这些术语总会打断读者的思路。这可能使得许多读者尤其是“门外汉”认为，神经症人格的问题似乎很容易理解。但这个想法是错误的，甚至是危险的。我们必须承认，所有的心理问题都必然是极其复杂和微妙的。如果有人不愿意承认这个事实，那么最好不要读这本书，以免因为在其中找不到现成的公式，而感到迷惑和失望。

本书的读者群体不仅是对此感兴趣的“门外汉”，也包括那些专门与神经症患者打交道并熟悉相关问题的专业人士，例如精神病学家、社会工作者、教师，以及已经意识到心理因素在研究不同文化时的重要性的人类学家和社会学家。最后，我希望这本书对神经症患者本身也能起到作用。如果他本质上不排斥任何心理学思想，不认为它是对个人的一种冒犯，那么比起那些健康人，他往往能够结合自己的切身痛苦，对心理的复杂性有更敏锐和更透彻的理解。但不幸的是，通过阅读了解自己的情况并不会治愈他的疾病；在他所阅读的内容中，他可能更容易辨认出别人而不是自己的影子。

最后，借此机会，我要感谢这本书的编辑——伊丽莎白·托德(Elizabeth Todd)小姐。我还要感谢许多作家和学者，在书中我都提到了他们的名字。此外，我要向弗洛伊德致以最诚挚的感谢，是他为我们的工作奠定了基础，为我们的研究提供了工具。最后，我还要感谢我的患者们，因为我的一切见解，都来自我们的合作。

目　录

第一章　神经症的文化与心理内涵

神经症是一种心理障碍，它来源于恐惧，来源于对抗这些恐惧的防御机制，以及为了缓和相互冲突而达成的种种妥协。根据实际情况，只有当这种心理障碍偏离了特定文化中的普遍模式时，我们才可以将之称为神经症。

神经症的文化内涵

如今,我们在生活中毫无顾忌地使用“神经症”这个词,但对它的含义却没有理解到位。通常情况下,这个词不过是一种附庸风雅的表达方式:过去,我们习惯于说某个人懒惰、敏感、苛刻或多疑,而现在我们可能会说他有“神经症”。然而,我们在使用“神经症”这个词时,确实又是意有所指的。我们无意识地设定了一些标准来界定这个词所指的对象。

首先,在行为反应上,神经症患者不同于一般人。例如,一个女孩不求上进,拒绝加薪,也不希望与上级保持一致。再如,一位每周只挣 30 美元的艺术家,他明明可以工作更多的时间,以挣得更多的钱;但他宁愿用此微薄收入尽情享受人生,花大把时间与女人厮混,或者沉迷于自得其乐的癖好。这些人被我们称为神经症患者,是因为我们大多数人只熟悉一种生活方式。这种生活方式鼓励我们在这个世界上出人头地、超越别人,鼓励我们赚取远远超过生存所必需的金钱。

这些例子表明，我们用来判定神经症的标准，是观察这个人的生活方式与这个时代公认的生活方式是否一致。如果这个没有竞争欲(或者至少没有显著竞争欲)的女孩，生活在普韦布洛(Pueblo)的印第安文化中，那她就是完全正常的。同样，如果那位艺术家生活在意大利南部或墨西哥的一个村庄里，那么他也是个正常人。因为这些地方的人们认为，在满足绝对必要的需求后，完全没有必要去赚取更多的钱或者付出更大的努力。如果我们再往前追溯，在古希腊，如果有人在超出个人需要之外还拼命工作，这种态度会被认为是卑贱的。

因此，神经症这个词，虽然源自医学，但在使用中却要结合它的文化内涵。我们在对病人文化背景一无所知的情况下，可以诊断他有一条腿骨折了；但如果因为一名印第安男孩告诉我们，他有着深信不疑的幻觉，就诊断他是精神病患者，这是要冒极大风险的。① 因为在印第安人的文化中，这种对幻觉和幻象的觉察被认为是天赋异禀，是来自神灵的福祉。这些幻觉和幻象是被蓄意诱导的，拥有它们的人被认定享有特定的社会威望与特权。在我们的文化中，如果有人声称和他已故的祖父有过长谈，他会被认为患有神经症或精神病；而在一些印第安部落中，这种与祖先的交流则是常态。再如，如果有人因为别人提到他已故亲属的名字而勃然大怒，我们肯定认为他有神经症；但在基卡里拉·阿巴切(Jicarilla Apache)文化中，他则是完全正常的。②

---

① 斯卡德·梅基尔(H. Seudder Mekeel)：《诊疗与文化》(*Clinic and Culture*)，《变态与社会心理学》杂志，第30卷(1935年)，第292—300页。

② 奥普勒(M. E. Opler)：《对美国两个印第安部落的矛盾心理的解释》(*An Interpretation of Ambivalence to two American Indian Tribes*)，《社会心理学》杂志，第7卷(1936年)，第82—116页。

在我们的文化中，如果一个男人非常害怕靠近经期中的女性，会被认为有神经症；但在许多原始部落中，对月经的恐惧则是一种常态。

人们对于“正常”的认知，不仅随着文化的不同而改变，而且随着时间的推移，它在同一文化中也会发生改变。例如，在今天，如果一个成熟独立的女性因为发生过性关系，就自认为是“堕落的女人”“不配得到好男人的爱”，那么她肯定会被当成神经症患者，至少在当下很多阶层中是这样。然而，这种负罪感在大约40年前，则是十分正常的。此外，人们对于“正常”的认知也会因社会阶层的不同而有所不同。例如，一个男人整天游手好闲，只在狩猎或征战中才一展身手，这对于封建阶级而言再正常不过了；但对于小资产阶级来说，这种行为则是明显不正常的。这种“不同”还会存在性别差异，就像在西方文化中，男人和女人被认为具有不同的气质；所以，一个接近40岁的女人，整天担心变老是“正常的”，而同龄男人如果对此感到紧张，则会被认为有神经症。

每个受过教育的人多多少少都知道，所谓的“正常”存在着不同的标准。我们都清楚，中国人的饮食习惯与西方人有着巨大差异；爱斯基摩人的清洁观念与我们相去甚远；巫医治病的方法与现代医生大相径庭。但是人们却不清楚，人类的差异不仅存于风俗习惯，而且也体现在动机和情感上。尽管人类学家已经或明或暗地提过这一点。[①] 正如萨丕尔(Sapir)[②]所言,现代人类学的功绩之一,就是不断地重新发掘和定义"正常"。

每种文化都坚信,唯有自身的情感和动机才是"人性"的正常表现。[③] 这一观念在心理学中也不例外。例如,弗洛伊德从他的观察中总结出女人比男人更善妒;接着他试图从生物学角度来解释这一假设。[④] 弗洛伊德还认为,所有的人都体验过与谋杀有关的负罪感。[⑤] 然而,人们对待杀戮的态度千差万别,这是不争的事实。正如彼得·弗罗伊肯(Peter Freuchen)所言,爱斯基

---

① 参见人类学资料中的精彩阐述:玛格丽特·米德(Margaret Mead)的《三个原始社会中的性和气质》(*Sex and Temperament in Three Primitive Societies*);鲁斯·本尼迪克特(Ruth Benedict)的《文化模式》(*Patterns of Culture*);哈洛韦尔(A. S. Hallowell)即将出版的《民族学田野工作者的心理指导手册》(*Handbook of Psychological Leads for Ethnological Field Workers*)。

② 爱德华·萨丕尔(Edward Sapir):《文化人类学与精神病学》(*Cultural Anthropology and Psychiatry*),《变态与社会心理学》杂志,第27卷(1932年),第229—242页。

③ 鲁斯·本尼迪克特:《文化模式》。

④ 弗洛伊德在他的论文《关于两性生理差异的一些心理后果》(*Some Psychological Consequences of the Anatomical Distinction between the Sexes*)中提出这样一种理论,即生理解剖上的性别差异,不可避免地会导致每个女孩都嫉妒男孩拥有阴茎。后来,她想要拥有阴茎的欲望,就转化成了想要占有一个拥有阴茎的男人。然后,她就会嫉妒其他女人,嫉妒她们与男人发生的两性关系——更确切地说,是嫉妒她们占有这些男人——就像她最初妒忌男孩拥有阴茎一样。在做出这样的陈述时,弗洛伊德受到了他那个时代的风气影响:对全部人类的人性进行了概括性的论断,尽管他的概括只来自对一个文化区域所做的观察。人类学家不会质疑弗洛伊德所做观察的有效性。他们认为这些观察适合某一时代、某一文化中的某一部分人群,但他们会质疑弗洛伊德所做概括的有效性。他们会指出,人们对于嫉妒的态度存在着无尽的差异:在一些民族中,男人比女人更善于嫉妒;在另一些民族中,男人和女人都少有嫉妒;还有一些民族,男人和女人都非常善于嫉妒。考虑到这些现存的差异,他们会反驳弗洛伊德——或者事实上会反驳任何人——试图根据解剖学上的性别差异来解释观察到的东西。相反,他们会强调,有必要对生活环境的差异及其对男女嫉妒心理发展的影响进行探究。例如,对我们的文化而言,他们会问道,弗洛伊德的观察对我们文化中的神经症女性来说是真实的,但这些观察是否也适用于我们文化中那些正常的女性呢?之所以提出这个问题,是因为那些每天跟神经症患者打交道的精神分析师经常看不到,在我们的文化中同样也存在着正常的人。同时,还有必要追问,导致嫉妒或占有异性的心理条件是什么,以及在我们的文化中,男女生活环境的哪些不同导致了嫉妒心理发展的性别差异?

⑤ 西格蒙德·弗洛伊德(Sigmund Freud):《图腾与禁忌》(*Totem and Taboo*)。

摩人不认为杀人犯需要受到惩罚。[①] 在许多原始部落中，家庭成员被外来人杀害所带来的创伤，可以通过某一替代品来修复。在某些文化中，儿子被人杀死后，母亲可以通过收养凶手的方式来抚平伤痛。[②]

进一步了解人类学的发现后，我们必须承认，当前关于人性的一些观念是相当幼稚的。例如，我们认为争强好胜、同胞竞争、伉俪情深是人的天性。我们对“正常”的判断，完全取决于特定社会加诸其成员身上的某些行为和情感标准。但是，这些标准却存在文化、时代、阶级和性别方面的差异。

这些思考乍看与心理学关系不大，实则对其影响深远。最直接的结果是，造成我们对心理学“全知全能”的怀疑。我们不能因为所处的文化和其他文化存在相似之处，就推断两种文化出于相同的动机。我们也不能推测新的心理学发现可以揭示人性固有的普遍趋势。所有这些都证明了部分社会学家的一贯主张：适用于全人类的正常心理学是不存在的。

然而，这些局限性也有可取之处，它们开辟了新的理解角度。这些人类学观点的基本含义在于，情感和态度在很大程度上由生活环境所塑造，包括文化环境和个人环境，两者密不可分。反过来说，如果我们了解自己所处的文化环境，就有可能更深刻地理解正常情感和态度的特殊性。同样，因为神经症是对正常行为模式的偏离，所以我们也有可能更透彻地理解神经症。

一方面，我们在追随弗洛伊德走过的道路，弗洛伊德所总结的神经症理论是令人惊叹的。虽然在他的理论中，弗洛伊德将

---

① 彼得·弗洛伊肯：《北极探险记与爱斯基摩人》(*Arctic Adventure and Eskimo*)。

② 罗伯特·布里福(Robert Briffault)：《母亲》(*The Mothers*)。

人类的个性特征追溯至生物性的驱力，但他在理论和实践中同时强调，如果缺乏个体生活环境的资料，尤其是童年早期情感塑成的资料，我们就无法了解神经症。把这一原则应用于特定文化中正常的和病态的人格结构，就意味着：如果没有详细了解特定文化对个体的影响，我们就无法理解这些人格结构。①

另一方面，我们还必须超越弗洛伊德，向前迈出坚定的一步——尽管只有基于弗洛伊德那具有启发性的发现，才能迈出这一步。虽然在某个方面，弗洛伊德已经走在了时代的前面；但从另一角度看，他对于心理特征的生物学起源的过分强调，说明他仍然植根于那个时代的科学主义态度。弗洛伊德假设，我们文化中常见的本能驱力或客体关系，是一种由生物性决定的“人性”，或者产生于不可改变的情境，比如生物学上规定的“前生殖器”阶段、俄狄浦斯情结等。

弗洛伊德忽略了文化方面的因素，因此他做出了许多错误的结论，而且在很大程度上，限制了我们理解那些真正推动自己态度和行为的动力。我认为，尽管看上去有无限的潜力，但这种

---

① 很多学者都开始重视文化因素对心理状况的决定性影响。埃里希·弗洛姆(Erich Fromm)的论文——《论基督教义的产生》(*Zur Entstehung des Christusdogmas*)是最早提出并详细阐述这种方法的德语精神分析文献，见《潜意象》杂志，第16卷(1930年)，第307—373页。后来，这种方法又被其他人所采用，如威廉·赖希(Wilhelm Reich)和奥托·费尼切尔(Otto Fenichel)。在美国，哈里·斯塔克·沙利文(Harry Stack Sullivan)是第一个认识到精神病学必须考虑文化内涵的人。其他以这种方式考虑这个问题的美国精神病学家还包括：阿道夫·梅耶(Adolf Meyer)、威廉·怀特(William A. White)[其著作《20世纪的精神病学》(*Twentieth Century Psychiatry*)]、威廉·希利(William A. Healy)和奥古斯塔·布朗纳(Augusta Bronner)[其著作《关于行为不良的最新启示》(*New Light on Delinquency*)]。最近，一些精神分析学家，如F. 亚历山大(F. Alexander)和A. 卡丁纳(A. Kardiner)等，已经开始对心理问题的文化内涵产生兴趣。在社会科学家中，持有这种观点的尤可参见H. D.拉斯威尔(H. D. Lasswel)[见其著作《世界政治学与个人的不安全感》(*World Politics and Personal Insecurity*)]和约翰·多拉德(John Dollard)[见其著作《生活历史的标准》(*Criteria for the Life History*)]。

对文化因素的忽视，正是精神分析——它忠实地追随弗洛伊德走过的理论路径——实际上已经走进死胡同的主要原因，其表现就是不断发展的深奥理论和泛滥的晦涩术语。

今天我们已经知道，神经症是对正常状态的偏离。这一标准非常重要，但充分性不足。行为偏离一般模式的人未必都患有神经症。前文提到的那位艺术家，他不愿意花更多的（远超必要的）时间去赚取额外的钱，他可能患有神经症，但也可能比常人更明智，因为他不让自己为名利所缚。另一方面，有些人从表面看非常适应当前的生活方式，但他们却可能患有严重的神经症。在这种情况下，就有必要采用心理学或医学的观点了。

但奇怪的是，仅根据心理学或医学的观点来阐明神经症，也是很困难的。至少，我们很难仅仅通过研究外在表现就找到所有神经症的共同特征。我们当然不能用各种症状（例如，恐惧、抑郁或生理功能紊乱）作为标准，因为这些症状也有可能不出现。不过，几乎所有神经症中都存在某种抑制倾向（原因将在后文中讨论），但它们的存在可能十分微妙或伪装性极强，以至于在表面观察中无法发现。如果仅仅根据人际关系中的异常（包括性关系中的反常）来诊断神经症，也会出现同样的困难。这些问题永远都存在，但难点在于如何鉴别。然而，即使没有深入了解神经症的人格结构，我们也可以发现神经症的两个特征：一是反应的某种僵化；二是潜能与实现之间的脱节。

我们有必要对这两个特征做进一步的解释。我所说的反应僵化，指的是个体缺乏一种灵活性，正是这种灵活性使我们能对不同情境做出不同的反应。例如，正常人在感到事情可疑或者有确凿证据时，他才会去怀疑；而神经症患者可能不论何时何地都会疑神疑鬼，不管自己是否了解这种处境。在被他人赞美时，正常人能够分辨是真情还是假意;神经症患者则不分场合对所有赞美都表示怀疑。如果觉得有人提出不合理的要求,正常人会感到愤愤不平;神经症患者则可能对任何哪怕是善意的提醒都感到愤怒。在遇到重大而难以抉择的事情时,正常人可能举棋不定;神经症患者则可能对任何一件事都难以决断。

但所谓的僵化,也只有当它偏离文化模式时,才会被认为是神经症的表现。在西方文化中,大多数农民都对新奇或陌生的事物抱有怀疑态度,这是很正常的;而小资产阶级特别执着于勤俭节约,这也是正常的。

神经症的心理内涵

同样,一个人的潜能与他所取得的成就之间的差距或脱节,也可能是由外部因素造成的。但如果一个人既有天赋,又占据十分有利的外部因素,却仍然一事无成;或者虽然拥有一切感受幸福的条件,却仍然不能享受自己的拥有并从中获取幸福;或者一个女人虽然样貌漂亮,却觉得自己对男性没有吸引力;那么,这些差距或脱节就是神经症的表现了。换言之,神经症患者往往觉得他自己就是自己的绊脚石。

如果不考虑外在表现去探讨产生神经症的实际动力,我们就会发现,焦虑以及为了对抗焦虑而采取的防御,是所有神经症共有的一个基本因素。无论神经症的结构多么复杂,这种焦虑,始终是产生神经症并促使其运转的动力。后文会对此详细阐述,我在这里就不再赘述了。当然,即使是希望大家暂时认可这一基本原则,也最好对它做进一步的解释。

显然,上文的论述过于笼统。焦虑或恐惧——我们暂时交替使用这两个词——是随处可见的，对抗它们的防御也是如此。并非只有人类才有这些反应。感知到危险的动物会反击或逃跑；人类遇到这种情况时也会产生同样的恐惧和防御。对闪电感到恐惧，我们会在屋顶上安装避雷针；对意外事故感到恐惧，我们会事先购买保险；恐惧与防御都包含于其中。不同的文化中存在不同形式的恐惧和防御，而且它们有可能被制度化。例如，因恐惧中邪而佩戴护身符；因恐惧死亡而举办隆重的葬礼；因恐惧行经的女人所携带的邪恶而制定种种禁忌。

这些共性很容易导致一个逻辑错误。如果恐惧和防御是神经症的基本因素，为什么这种对抗恐惧的制度化的防御措施不能当作“文化神经症”的证据呢？这个逻辑的错误在于，当两种现象中存在共同点时，我们便把它们之间画了等号。事实上，我们不会因为房子是用石头建造的，就把房子叫作石头。那么，神经症患者的恐惧和防御有哪些特征，使其不同于“文化神经症”呢？是因为神经症的恐惧是一种幻想吗？不是，我们正常人也会对死亡产生幻想性的恐惧；在这两种情况下，恐惧都来源于对事物缺乏了解。那么，是因为神经症患者不知道自己恐惧的原因吗？也不是，原始人同样不知道自己为什么会恐惧死亡。两者的区别与意识或理性均无关，而在于以下两个因素。

第一，每种文化下的生活情境都会引发某种恐惧。这些恐惧可能来源于外部危险(自然、仇敌)，或者社会关系(由压制、不公正、胁迫或挫折所引发的敌意)，或者文化传统(习俗中对恶魔、禁忌的恐惧)。每个人遭受恐惧的程度不同，但大体可以断言：在任何一种文化中，都有这样的恐惧存在于个体身上，没有人能够幸免。然而，神经症患者不仅拥有自身文化中人们所共有的恐惧，而且因为个人的生活情境(这些情境与大环境是相关联的)，他还有一些在程度和性质上不同于文化模式的恐惧。

第二，存在于文化中的恐惧，通常都会由于某些保护性手段(如禁忌、仪式、习俗等)而得以抵消。一般说来，相比神经症患者自己建立的防御机制，这些应对恐惧的防御措施更为经济。因此，尽管正常人必须承受所处文化环境的恐惧与防御，但他总体上还是能够施展自己的潜能，并享受生活赐予他的一切。正常人能够最大限度地利用所处的文化环境提供给自己的种种机会。从消极的角度讲，他除了遭受自身文化环境带来的无可避免的痛苦，不会再有更多的痛苦了。相反，神经症患者总是比正常人遭受更多的痛苦。患者必须为自己的防御机制付出巨大的代价，他的生命力和发展力会因此受损；更确切地说，他取得成功的机遇和享受生活的能力会因此受限，从而导致前文提到的差距和脱节。事实上，神经症患者总是饱受苦痛。在讨论神经症的共同特征时，我之所以没有提到这个事实，是因为它并不一定能从外部观察中发现。甚至就连神经症患者本人，也可能意识不到自己正在遭受苦痛。

关于恐惧与防御，恐怕许多读者已经开始对此不耐烦了，因为对神经症的构成如此简单的问题，我竟然花了这么长的篇幅来讨论。为此，我想说心理现象总是特别复杂的，即使是看似简单的问题，答案也绝不简单。我们此时此刻遇到的困难也是这样。无论我们要处理的是什么问题，这一困难都将贯穿全书。要准确地对神经症进行描述，给出一个令人满意的答案，困难在于单独用心理学工具或社会学工具都无法做到，而必须要像我们事实上所做的那样，先使用一种，然后再用另一种，二者交替。如果仅仅站在动力学和心理结构的角度来看待神经症，那么我们必须虚构出一个不存在的“正常人”作为参照标准。一旦我们的研究范畴超过了自己的国度，或者那些与我们文化相似的国度，就会遇到更大的困难；因为在不同的文化环境中，“正常人”的标准根本不同。而如果我们仅仅从社会学的角度出发，将神经症视为对某个社会中普遍行为模式的偏离，那就忽视了那些已知神经症的心理特征。而且，不论哪个国家、哪个流派的精神病学家，都不会承认他们平常就是根据这一点来诊断神经症的。这两种取向的整合，意味着这样一种观察方法将被采用——它同时考虑到神经症患者的外在表现和心理动力过程的偏离，但不把任何一种偏离视为决定性的，二者必须结合起来考虑。在我们看来，恐惧和防御是神经症的内在动力之一，但只有当它们在质或量上偏离了某种文化中的共有模式时，才能导致神经症。

在这个方向上，我们还必须再进一步。神经症还有另外一个基本特征，那就是患者身上存在着彼此冲突的倾向。神经症患者并不知道这些冲突倾向的存在，至少是不知道它们确切的内容，他只会不由自主地寻求某种妥协的处理方案。弗洛伊德曾以各种形式强调，这种无意识的处理是神经症构成中不可或缺的元素。神经症冲突之所以有别于某种文化中普遍存在的冲突，既不是因为这些冲突的内容，也不是因为它们在本质上是无意识的；在这两个方面，文化中的冲突与神经症冲突可能完全相同。只是在神经症患者身上，这些冲突更加强烈和突出。神经症患者会尝试达成妥协的处理方案，我们姑且将其看作一种病态的方法。相比于正常人，这些处理方案并不令人满意，而且往往以损伤人格为代价。

回顾以上观点，虽然仍无法精确地定义神经症，但我们可以做出如下描述：神经症是一种心理障碍，它来源于恐惧，来源于对抗这些恐惧的防御机制，以及为了缓和相互冲突而达成的种种妥协。根据实际情况，只有当这种心理障碍偏离了特定文化中的普遍模式时，我们才可以将之称为神经症。

第二章 为何要谈“我们时代的神经症人格”

我们可以说神经症的症状是火山的爆发，而不是火山本身；那些导致神经症的冲突，可能正如火山本身，潜藏在患者的内心深处，而不为自身所知。

我们关注的是性格特征

由于我们主要关注神经症对人格的影响，我们的研究也仅限于两个方面。

第一，我们要研究的是性格神经症，而不是情境神经症。后者是指这样一种情况：神经症也可能发生在那些人格完整和未扭曲的个体身上，他们仅仅因为无法应对充满冲突的外部环境而患上了神经症。在讨论一些基本的心理过程之后，我会回过头来再谈论情境神经症的结构。① 现在，我们的关注点不在情境神经症，因为它并没有揭示患者的人格，只表明一个人暂时不能适应某种困难而已。本书中提到的神经症主要是指性格神经症，它们的症状表现可能与情境神经症完全相同，但主要问题出

① 这种情境神经症与舒尔茨（J. H. Schultz）所说的外源性神经症（Exogene Fremdneurosen）大致相当。

在性格的异常。① 性格神经症来源于潜伏的慢性过程，通常始于童年期，并且多多少少影响到人格的各个部分。从表面来看，性格神经症也可能起因于实际的情境冲突，但如果仔细收集患者的病史，我们就会发现，早在任何困难的情境出现之前，那些带来麻烦的人格特质可能就存在了。眼前这个暂时的困难情境，在很大程度上正是因为先前存在的性格障碍所致。而且，神经症患者会对某些生活情境特别敏感，做出病态的反应，而对正常人来说，这些情境可能根本不意味着冲突。因此，这些情境只不过是揭示了可能存在已久的神经症。

第二，我们关注的也不是神经症的症状。我们的兴趣点在性格障碍本身，因为人格的异常在神经症中是永恒存在的，而临床上的症状却可能各不相同，或者根本没有症状。同样，从文化角度来看，性格也远比症状重要，因为是性格而不是症状在影响人类的行为。当精神分析学家对神经症的结构有了更多了解，并且意识到症状的消除不一定意味着神经症的治愈，他们的兴趣就发生了转移，转而更关注性格的异常而不是症状。比如，我们可以说神经症的症状是火山的爆发，而不是火山本身；那些导致神经症的冲突，可能正如火山本身，潜藏在患者的内心深处，而不为自身所知。

做出上述界定之后，我们或许可以提出这样的问题：今天的神经症患者是否有一些共同特征，而这些特征又是如此关键，足以让我们谈一谈“我们时代的神经症人格”？

说到在各类神经症中出现的性格异常，我们会惊讶于它们

---

① 弗兰茨·亚历山大曾建议用“性格神经症”来指称那些缺乏临床症状的神经症。我认为这个说法并不妥当，因为症状的有无通常与神经症的性质无关。

的差异性，而不是它们的相似性。例如，歇斯底里症的性格与强迫症的性格迥然不同。引起我们特别注意的是，它们在机制上的差异，或者更通俗地说，是两种性格障碍在表现和处理方式上的差异。在歇斯底里症的性格中，患者主要采取投射来处理问题；而在强迫症的性格中，患者则竭尽所能把内心冲突理性化。而另一方面，我所谓的相似性，并不是指冲突的表现方式或者它们产生的机制，而是指冲突本身的内容。更确切地说，相似性不在于根源上引发困扰的经历，而在于实际驱动个体的那些冲突。

要阐明这些驱动因素及其复杂的后果，我们需要先做出一个假设。弗洛伊德和大多数精神分析师都强调，分析的任务在于发现冲动的性欲根源（如特定的性感带），或是一再重复出现的幼儿模式。尽管我坚持认为，如果不追溯幼儿期的状况，就不能全面地理解神经症患者的情况，但我也认为，如果片面地运用起源学方法，只会让人们对这个问题更加混乱；因为这样会导致人们忽视实际存在的无意识倾向，忽视它们的功能，以及它们与同时存在的其他倾向（例如各种冲动、恐惧和防御措施）之间的相互作用。这种起源学角度的理解，只有在它有助于功能性的理解时，才是有用的。

根据这一信念，在分析了不同社会阶层各式各样的神经症人格后——这些人格具有不同的年龄、气质、兴趣，我发现在这些人身上起作用的核心冲突的内容及其相互关系，在本质上是相似的。[1] 我在心理分析实践过程中获得的经验，通过对正常人和当代文学中人物的观察，得到了进一步证实。对于神经症患

① 强调相似性，并不意味着忽视科学家对特殊类型的神经症所做的研究。相反，我完全相信，精神病理学对各种心理障碍，包括它们的起源、特殊结构以及特殊表现，都做出了界限清晰的描述，并取得了显著的进步。

者身上一再呈现的问题,如果剔除其虚幻晦涩的部分,我们很容易发现,它们与我们文化中正常人面临的困扰,只有量的差异,并无质的区别。我们大多数人都不得不面临这些问题:竞争、对失败的恐惧、情感上的孤立、对他人和自己的不信任,等等。神经症患者同样存在这些问题,只不过他们的问题更为严重。

导致内心冲突的五种态度

通常来说,某种文化中的大多数人都必须面对同样的问题。这个事实表明,这些问题实际上源于该文化中的特定生活情境。我们似乎可以认为,它们并不能代表"人性"的共通问题,因为其他文化中的动力和冲突,与我们文化中的动力和冲突并不相同。

因此,我所谓的"我们时代的神经症人格",不仅指神经症患者有着共同的基本特性,还表示这些共同特征在本质上是由我们时代和文化中的困境造成的。在接下来的部分,我将运用我所了解的社会学知识向大家阐明,我们文化中的哪些困境导致了我们内心的冲突。

我所假设的文化与神经症之间的关系准确与否,需要精神病学家和人类学家的共同检验。精神病学家不仅要研究"文化神经症"的外在表现,就像标准程序的流程那样,研究神经症的类型、发病率和严重性,还要研究神经症背后的基本冲突。人类学家则应该从了解文化结构究竟给个体带来了怎样的心理困境这一角度来研究文化。事实上,人们的某些态度表现出了基本冲突的相似性,而这些态度通过表面观察就可以发现。我所谓的表面观察,是指一位合格的观察者不需要借助精神分析的技术,就可以从他自己身上,从他的朋友、家人或同事身上有所发现。现在,我准备对这些经常观察到的态度做简短分析。

大体上,这些可观察到的态度可以分为以下几类:第一,对于爱的态度,包括给予爱和获得爱;第二,对于自我评价的态度;第三,对于自我主张的态度;第四,对于攻击的态度;第五,对于性的态度。

第一种态度表现为我们对他人的爱或赞赏的过分依赖,这是我们时代的神经症人格的主要倾向之一。人人都希望被他人喜欢,被他人欣赏,但神经症患者对爱或赞赏的依赖大大超出了正常需求,在他们的生活中占据着不切实际的比重。虽然我们都希望被自己中意的人喜欢,但在神经症患者身上,这种对爱或赞赏的渴求是不加分辨的,根本不管那个人的关心重要与否,也不管那个人的评判是否有意义。患者往往意识不到这种无休止的渴求,但如果他们没有得到想要的关注,这种渴求就会从他们的敏感中暴露出来。例如,如果有人拒绝他们的邀请,或者很久不联系他们,甚至只是观点上有所分歧,他们可能就会感到深受伤害。当然,患者也可能用一种“我不在乎”的态度将这种敏感掩盖起来。

此外,神经症患者对爱极度渴望,但他感受爱或给予爱的能力却极其微弱,两者存在巨大反差。一方面,他过分关注自身的愿望;另一方面,他对别人的需求漠不关心。这种反差和矛盾并不总是一目了然。患者也可能表现得非常热心,希望帮助每个人,但在这种情况下,我们可以发现他的行为是强迫性的,而非出于自发的热情。

第二种是对自我评价的态度,表现为神经症患者过分依赖他人所带来的不安全感。在神经症患者身上带着永久的缺陷感和自卑感。它们的表现形式多样,比如认为自己能力不足、不够聪明、没有魅力，而在现实中可能根本不是这么回事。我们可以发现，有些人聪明绝顶却认为自己愚蠢至极，有些女性美貌倾城却认为自己毫无魅力。这些自卑感可能会显露在外，患者总是抱怨或担忧，把子虚乌有的缺陷视为理所当然，在上面浪费大量精力和时间。另一方面，这些自卑感也可能被掩藏起来，患者表现出一种自我夸大的补偿性需要，或者一种强迫性的炫耀，例如攫取金钱、收藏名画或古董、占有女人、广交人脉、到处旅游、卖弄知识，以我们文化中各种沽名钓誉的东西来给自己和他人留下深刻印象。这两种倾向中可能有一种表现得更突出，但一般而言，人们会同时感觉到这两种倾向的存在。

第三种是对自我主张的态度，其中包含了明显的抑制作用(inhibition)。这里所谓的自我主张，是指对一个人的自我或权利进行维护的行为，并不包括任何过度的欲望或追求。正是在这个方面，神经症患者表现出大量的抑制倾向。他们对表达要求或愿望，对做有利于自己的事，对表达意见、批评或命令别人，对选择朋友以及与他人的日常交往，无一不进行抑制。同样，患者在我们所谓的个人立场方面也存在抑制倾向。在遭受别人的攻击时，他们往往无法保护自己；在不愿顺从别人的意愿时，他们往往无法说“不”。例如，推销员向他们兜售一些他们本不想买的东西，或者有人邀请他们参加本不想参加的聚会，或者一位异性要求与他们发生性关系，他们都无法直接拒绝。最后，他们在对待自己的欲望方面也存在抑制倾向。他们很难做出果敢的决定，不敢表达只符合个人利益的愿望，这样的愿望必须加以隐藏。比如我有一个朋友，在她的私人手账中，“电影”被记在“教育”的名下，“酒类”被记在“健康”的名下。对这一类人特别重要的是，他们没有能力制订任何计划[①]，不论是旅行计划，还是生涯规划。患者总是让自己随波逐流，即使面对职业或婚姻这样的重大决定也是如此，他们根本不清楚自己在生活中真正想要什么。他们完全被病态的恐惧驱使着，正如我们在有些人身上看到的，他们因为害怕贫穷而拼命聚敛钱财，因为害怕真正的关系而不停地拈花惹草。

第四种态度表现在攻击方面，与上述对自我主张的态度相反，是一种反对、攻击、贬低、侵犯他人的行动，以及任何其他形式的敌对行为。这种类型的心理异常有两种迥然不同的表现方式。一些人倾向于攻击、支配或挑剔他人，喜欢指挥、欺诈或埋怨他人。有时，他们能够意识到自己的攻击性；但大多数时候意识不到这一点，而且还主观上认为自己无比真诚，或者是在表达自己的意见而已。尽管事实上他们态度蛮横、气势逼人，但他们自认为非常谦逊、要求合理。在另一些人身上，这种心理异常的表现恰恰相反。通过观察，我们可以发现，这些人经常觉得自己受人欺骗、被人控制、遭人责骂、受到侮辱或羞辱。同样，这些人也意识不到这是自己态度的问题，而是抑郁地认为整个世界都在歧视他们、亏待他们。

第五种态度表现在性方面的异常，可以粗略地分为两类：一是对性行为的强迫性需要，二是对性行为的抑制倾向。在达到性满足的过程中可能充满了抑制倾向。例如，禁止自己与异性接触，不让自己追求异性，抑制性功能本身，压抑性的欢乐。而且，前面描述过的几类异常态度，都有可能出现在关于性的态度中。

---

① 在《命运与神经症》（*Schicksal und Neurose*）中，舒尔茨—亨克（Schultz－Hencke）是充分意识到这一要点的少数精神分析学家之一。

我们或许可以对上述态度进行更细致的描述。不过，我在后文还会详细地谈到这些，现在做过多的描述对我们的理解并没有多大帮助。为了更好地理解这些态度，我们必须研究它们产生的动力过程。理解了潜在的动力过程之后，我们就会发现，所有这些态度，尽管看起来缺乏连贯性，但在结构上却是相互关联的。

第三章 焦 虑

焦虑可能隐藏于生理不适的感觉中，例如心跳加快或疲劳乏力；它也可能被看似合理或恰当的恐惧所掩盖；它还可能是不为人知的驱动力，驱使我们沉迷酒色或各种其他的消遣。

在继续讨论当今的神经症之前，我必须先回顾我在第一章中还未解决的问题，并阐明我所说的焦虑到底是什么意思。我们有必要这样做，因为正如我所说，焦虑是神经症的动力中心，我们必须时时刻刻面对它。

焦虑与恐惧的区别

在前文中，我曾把焦虑与恐惧作为同义词，这表明了两个词之间关系密切。事实上，焦虑和恐惧都是面对危险产生的情绪反应，而且都伴随着颤抖、出汗、剧烈的心跳等生理感觉，这些生理变化可能非常强烈，甚至某种突如其来的恐惧会直接把人吓死。尽管如此，焦虑与恐惧还是有所区别的。

如果因为孩子身上出了丘疹，或是患了轻微的感冒，母亲就担心孩子会死掉，这种反应可称为焦虑；但如果这个孩子确实患了重病，母亲因此担心孩子会死去，我们则称之为恐惧。如果有人一站在高处就害怕，或者在讨论他熟悉的主题时却紧张不已，这种反应可称为焦虑;但如果在狂风暴雨的天气,一个人迷失于深山里感到非常害怕,我们则称之为恐惧。现在,我们可以做一个简明的区分:恐惧是一个人面对危险情境时做出的恰当反应,这种危险是不得不面对的;而焦虑是对危险情境做出的不恰当反应,这种危险甚至是想象出来的。[①]

不过这种区分有一个缺陷,那就是个体的反应是否恰当,有赖于特定文化中所存在的常识。但即使常识表明某种态度毫无根据,神经症患者仍然可以为其找到合理依据。事实上,如果一个神经症患者害怕受到疯子的攻击,我们告诉他这是病态的焦虑,那么双方就陷入无止境的争论中。患者会指明自己的恐惧千真万确,而且还会列举大量的相关事例。如果我们指出原始人的某些恐惧与实际危险并不相称,这些原始人同样也会固执己见。举个例子,如果一个部落禁止食用某种动物,而这个部落居民不小心打破了禁忌,吃了这种动物的肉,他一定会恐惧万分。作为旁观者,你可能会认为这种恐惧大可不必,毫无事实根据。然而,一旦领会了这个部落关于食物禁忌的信仰,你就会意识到,对那个误食者来说,这种情况就是一种真实的危险,这意味着他的狩猎之地会遭到破坏,意味着他可能染上一场大病。

然而,原始人身上的焦虑与我们文化中的神经症焦虑,还是有区别的。与原始人的焦虑不同,神经症焦虑并不涉及人们公共的信念。不过,无论是哪一种焦虑,一旦理解了焦虑的含义,就不会再认为它们是不恰当的反应。举个例子,有些人对死亡一直存在焦虑;但另一方面,由于承受的痛苦,他们内心又隐秘

---

① 在弗洛伊德的《精神分析引论新编》(*New Introductory Lectures*)中,有一章是“焦虑与本能生活”(Anxiety and Instinctual Life),其中对“客观性”焦虑与“神经性”焦虑做出了类似区分,他将前者描述为“对危险做出的明智反应”。

地渴望死亡。他们对死亡的各种恐惧,加上内心对死亡的期待,使他们产生了一种迫在眉睫的危机感。如果我们理解了这些因素,就自然会把他们对死亡的焦虑看作一种恰当的反应。再举个例子,有些人一旦站在悬崖边、高楼窗户旁或高耸的大桥上,就会感到异常害怕。从表面看,这种恐惧反应似乎是不恰当的,因为并不会掉下去;但是,这种情境可能使他们产生或面临一种内心冲突:生存愿望与出于某种原因想从高处往下跳的冲动之间的冲突,正是这种冲突导致了他们的焦虑。

所有这些讨论都表明,我们的定义需要做一些修改。无论恐惧还是焦虑,都是对危险做出的恰当反应。但对恐惧来说,危险是客观的、外显的;而对焦虑来说,危险是主观的、隐藏的。也就是说,焦虑的强度与当前情境对人的影响成正比,而至于为何如此焦虑,患者自己并不知道。

对恐惧与焦虑进行这样的区分,其实际意义是让我们明白,试图用语言说服神经症患者不要焦虑是没有用的。患者之所以焦虑,并不是因为现实中的情境,而是因为他内心感受到的情境。因此,心理治疗的任务,就是找出特定情境对患者而言的特殊意义。

界定了焦虑的性质之后,还必须了解焦虑所起的作用。在我们的文化中,普通人对焦虑在他生活中的重要性知之甚少。通常,他只记得自己童年时有些焦虑,做过几个焦虑的梦,以及在某些特殊情境下感受到的焦虑,例如,在与一位大人物谈话之前,或者在某次考试之前。

关于这一点,我们从神经症患者身上获得的信息并不是一致的。有些患者能够充分意识到焦虑的困扰。焦虑的表现各式各样:它可能表现为弥散性的焦虑或焦虑发作(anxiety-attacks);

也可能与特定的情况或活动有关,比如高处、街道、当众演讲或表演;还可能会有明确的内容,比如担心精神失常、患上癌症、吞下针头,等等。另一些患者则意识到他们有时会焦虑,也可能会了解激发焦虑的外在条件,但他们并不认为这些外在条件十分重要。还有些患者能意识到自己抑郁、自卑、性生活不和谐等,但他们完全觉察不到自己有什么焦虑。但进一步的观察通常会证明他们最初的看法并不准确。在分析这些患者时,我们总是会发现,他们表面之下的焦虑并不少于第一类患者,甚至更多。心理分析使这些患者意识到他们潜在的焦虑,他们可能会回忆起充满焦虑的梦或让他们感到不安的情境。尽管如此,他们所承认的焦虑程度通常不会超过正常人的水平。这正表明我们可能承受着焦虑,而自己毫无知觉。

当我们说到这里时,还没有揭示出焦虑问题的全部重要性,它只是这个更大更广泛的问题的一部分。我们都有过喜爱、愤怒、怀疑的感受,它们有时来得快、去得快,几乎不会进入我们的意识,或者我们很快就将其忘记。这些感受可能真的无关紧要,但它们背后也可能隐藏着巨大的动力。对某种感受的觉知程度,并不代表它的力量或重要性。[①] 就焦虑而言,这不仅意味着我们可能对内心的焦虑一无所知,还意味着焦虑可能是我们人生中的决定因素,而我们对此也没有意识。

事实上,我们似乎在竭力摆脱焦虑或是避免感受焦虑。这样做可能出于多种原因,而最常见的是:强烈的焦虑是我们遇到的最恼人的情绪之一。那些经历过强烈焦虑的患者会告诉你,他们宁愿死,也不愿再体验一次。此外,焦虑情绪中包含的某些

---

① 这只是对弗洛伊德的基本发现——无意识因素的重要性——其中一个方面的阐述。

因素,可能格外令人难受,其中之一就是无助。面对巨大的危险时,一个人可能会变得积极而勇敢。但在焦虑状态下,人们会感觉到——事实也是如此——无助和绝望。那些视权力、地位和控制高于一切的人,尤其不能容忍这种无助感。由于感到自己的反应不合时宜,他们开始憎恨这种感觉,好像它暴露了自己的胆怯和懦弱。

焦虑中包含的另一个因素是其明显的非理性。对某些人来说,允许非理性因素来控制他们,简直是无法忍受的一件事。这些人暗中感到自己有可能被内心非理性的异己力量所吞没,或者他们在无意识中将自己训练成严格服从理性支配的人,因此在意识层面,他们不会容忍任何非理性的因素。除了个人动机之外,后一种反应还涉及了文化因素,我们的文化总是强调理性的思维和行为,把非理性或看似非理性的东西看作低劣的。

焦虑中包含的最后一个因素,多多少少与上一因素相关。正是通过这种非理性,焦虑含蓄地提出警告,我们内心的某些东西出了毛病。因此,它事实上是一个挑战,要求我们彻底地检视自己。这不是说我们在意识上会将其作为挑战,而是说不管承认与否,它实际上都是一种挑战。没有人会喜欢这种挑战;人们最反感的就是,认识到必须改变自己的一些态度。事实上,一个人越是无助地感到自己身陷恐惧与防御的罗网,就越是紧紧抓住自己的错觉,坚信自己完美无瑕,进而本能地拒绝任何关于自己有问题的暗示,也不认为自己需要做出任何改变。

摆脱焦虑的方法

在我们的文化中,主要有四种摆脱焦虑的方法:一是合理化焦虑；二是否认焦虑；三是麻痹自己；四是回避所有一切可能产生焦虑的思想、感受、冲动和情境。

第一种方法是把焦虑合理化，这是逃避责任的最佳借口。它的实质是把焦虑转化为合理的恐惧。如果忽略了这种转化的心理价值，我们或许会认为它并没有改变什么。就像那位过分担忧的母亲，事实上只是在关心她的孩子，不管她是否承认自己的焦虑，是否把焦虑解释为合理的恐惧。然而，我们可以试试看，告诉这位母亲，她的反应不是合理的恐惧，而是一种焦虑；并说明她的反应与当前的危险不相称，其中包含了她个人的因素。那么，她一定会对此加以反驳，并竭尽全力证明你弄错了：玛丽不是在托儿所染上传染病的吗？强尼不是在爬树时摔断腿的吗？最近不是有个坏人用糖果诱骗孩子吗？难道她的行为不是出于对孩子的关爱和责任吗？[①]

无论何时，只要遇到对非理性态度的强烈辩护，我们基本可以确定，这种辩护对那个人具有重要的功能。这样一来，那位母亲就不会因为她的情绪感到绝望，反而会感觉自己能够积极应对这种困境；她就不用承认自己的软弱，反而会为自己的高标准感到骄傲；她就不用承认自己的态度是非理性的，反而会觉得自己的态度非常合理；她就不用正视并接受改变自己内心态度的挑战，反而可以继续把责任转移到外部世界，并借此避免面对自己的真实动机。当然，她最终会为这些短期的利益付出代价，她永远也无法消除内心的不安。更重要的是，她的孩子也必须为此付出惨重的代价。但她没有意识到这一点，而且她也不想意识到这一点，因为她的内心深处一直抱有幻想：不用改变自己内

---

① 桑多尔·拉多(Sandor Rado)：《一位过度关心的母亲》(*An Over-Solioitous Mother*)。

心的任何东西,又能获得由改变带来的所有利益。

这一原则,适用于所有把焦虑转化为一种合理恐惧的倾向,无论是对分娩的恐惧,对疾病的恐惧,还是对饮食障碍的恐惧,甚至是对贫穷和灾难的恐惧。

第二种方法是否认焦虑的存在。事实上,运用这种方法,除了否认焦虑,即把它排除在意识之外,焦虑本身并没有被改变。这时候它所呈现的,就是恐惧或焦虑所伴随的种种现象,在生理方面,表现为颤抖、出汗、心跳加快、呼吸困难、尿频、腹泻、呕吐;在精神方面,则表现为烦躁不安、容易冲动、无精打采。当我们感到害怕时,以上这些感受和生理反应就会表现出来;同时,这些感受和生理反应也可能是焦虑被压抑后的表现。在后一种情形下,每个人对自身状况的了解,只是一些外在的迹象,例如他在某些情境下老是想小便,或者他在火车上老是头晕,有时候他会在夜里盗汗,而这些情况通常都没有生理原因。

然而,人们也可能有意识地否认焦虑,有意识地尝试克服焦虑。这种情况类似于正常人通过拼命贬低恐惧来消除恐惧。关于这种情况,大家最熟悉的例子就是,一个士兵想要克服他的恐惧,故意表现出英勇的行为。

同样,神经症患者也可能有意识地决定克服焦虑。例如,有一个女孩,在青春期前一直遭受焦虑的折磨,尤其是害怕盗贼,但她决定不再理会这种焦虑,晚上一个人睡在阁楼,在空荡荡的房子里行走。在接受精神分析治疗时,她说的第一个梦就表达了这种态度。这个梦中的某些情境实际上很可怕,但她每次都勇敢地面对。有个情境是,她在夜里听到花园里有脚步声,于是她走到阳台,厉声问道:“是谁在那儿?”虽然她成功克服了对盗贼的恐惧,但引发她焦虑的真正因素并没有改变,因此焦虑依然存在，焦虑产生的其他后果也没有消除。她仍然缩手缩脚，觉得自己不受欢迎，无法安心从事任何建设性的工作。

通常，神经症患者无法做出这种有意识的决定，这个过程实际上是自动进行的。然而，神经症患者与正常人的区别，并不在于是否能有意识地做出决定，而在于这个决定所产生的结果。神经症患者竭尽全力所得到的结果，不过是消除了焦虑的某些特定表现，就像那个女孩摆脱了对盗贼的恐惧。我并不想低估这一结果的价值。它不仅具有实际的价值，而且还有心理方面的价值，可以提高患者的自尊。但是，人们常常过高评价这些结果，所以我有必要指出它消极的一面。[①] 事实上，不仅患者人格的基本动力没有任何改变，而且当他消除了内心障碍的表现时，同时也失去了解决障碍的重要动力。

这种不顾一切想要摆脱焦虑的方法，在许多患者身上都扮演着重要的角色，但这种方法往往不能被正确认识。例如，许多患者在特定情境中表现出来的攻击性，常常被认为是在表达真实的敌意。但实际上，这种攻击性只是因为患者感受到了攻击，然后试图征服自己内心的胆怯罢了。尽管有时确实存在某种敌意，但患者会夸大他实际感受到的攻击，进而受焦虑促使，去战胜自己的胆怯。如果我们忽视这一点，就有可能把患者的鲁莽误认为是真实的攻击。

第三种摆脱焦虑的方法是麻痹自己。我们可以通过酒精或药物来达到麻痹的目的，但也有很多其他方法。其中之一就是，患者由于害怕孤独而投身于社会活动。不管个体对这种恐惧有所意识，还是隐约觉得焦虑不安，这种方法都不可能改变他的处

---

① 弗洛伊德一直强调，症状的消失并不表示疾病的治愈。

境。另一种麻痹自己的方式是沉溺于工作,不难发现,我们身边有很多工作狂,而且人们在节假日表现出焦躁不安。人们还可以通过嗜睡来麻痹自己,尽管过量的睡眠并不能恢复精力。最后,性行为也可以作为释放焦虑的"安全阀"。众所周知,焦虑可能会导致强迫性手淫,也可能引发各种性关系。那些通过性行为来缓解焦虑的人,一旦没有获得性满足,哪怕只是片刻,也会极为焦躁和不安。

第四种方法是最彻底的,即回避所有可能导致焦虑的思想、感受或情境。这可能是一个有意识的过程,就像害怕溺水的人回避潜水,害怕登高的人回避爬山一样。更确切地说,这个人意识到焦虑的存在并自觉地回避它。然而,他也可能只是模糊地意识到自己的焦虑和回避行为,或者他根本就没有意识到这一点。例如,他可能无意识地拖延自己觉得焦虑的事情,比如做某个决定、去医院看病、给某人写信。或者,他可能"假装"不在乎,即主观上认为某些事情不重要,比如参与某个讨论、对员工下达命令、与某人断绝关系,当然实际上他对此是极为在意的。又或者,他"假装"自己不喜欢某些事情,以此为理由回避这些。例如,一个女孩担心参加派对时被忽视,她会假装自己不喜欢社交,干脆不去参加派对。

影响抑制的因素

如果继续探讨这种回避是如何发挥作用的,我们就会发现一种抑制现象。所谓抑制(inhibition),是指一个人无法思考、感受或者做某些事情,它的作用就是回避因为这些事情而引起的焦虑。在这种状态下,患者无法自觉意识到任何焦虑,也无法在意识层面努力克服这种抑制。抑制作用最明显的表现形式是癔症型的功能障碍,比如癔症型失明、癔症型失语、癔症型瘫痪。在性方面,这种抑制主要表现为性冷淡和性无能,尽管这些性抑制的结构可能会十分复杂。在心理方面,无法集中注意力、难以形成和表达意见、不愿与他人交往等,都是为人熟知的抑制现象。

如果用更长的篇幅来罗列各种抑制现象,让读者全面了解抑制的形式和发生频率,也许很有价值。但我还是想把这项任务留给读者,让读者自己回顾在这方面的观察。因为在今天,抑制作用已是众所周知的现象,如果它充分发展的话,是很容易被识别的。当然,我们还是有必要简要讨论一下,意识到抑制作用需要哪些前提条件。否则,我们很容易低估抑制发生的频率,因为通常情况下,我们意识不到自己身上究竟有多少抑制倾向。要意识到抑制作用,需要了解以下三种因素。

第一,如果抑制的作用足够强大,以至于阻止了我们的愿望或冲动,那我们就意识不到抑制的存在。一般而言,我们必须意识到自己的愿望,知道自己想做某件事,然后才能意识到自己能否实现它。也就是说,我们必须先意识到自己有某个方面的野心,然后才能意识到自己在这方面受到的抑制。也许有人会问,难道我们不知道自己想做什么吗?有时确实不知。可以设想这样一个场景:一个人在听别人宣读一篇论文,在这个过程中,他产生了一些批评意见。这时,一个微弱的抑制会导致他羞于表达,而更强烈的抑制则会阻碍他组织自己的思想。结果就是,只有在讨论结束之后或者第二天早上,他才能组织好自己的思想。但是,如果抑制的作用非常强大,他根本就无法形成任何批评意见。在这种情况下,即使他事实上不同意别人的意见,也会倾向于盲目地接受别人所说的话，甚至还会赞赏别人所说的话；他根本就没有意识到自己身上发生的抑制作用。

第二，如果抑制在一个人生活中发挥着重要作用，以至于他宁愿认为事实就是如此，而不愿相信这是抑制作用的结果，那么他同样不会意识到抑制的作用。例如，如果有人对任何竞争性的工作都感到强烈的焦虑，导致他每次尝试工作都会疲惫不堪，这样一来，他可能会坚信自己不够健康，不能胜任任何工作。这一信念让他得到了保护；如果他承认了抑制的作用，就不得不回去工作，让自己身陷可怕的焦虑。

第三种因素与我们所说的文化有关。如果个人的抑制与文化中的抑制一致，或者与当前的意识形态一致，这个人就无法意识到这些抑制作用。例如，一位患者有着严重的抑制倾向，不敢接近女人，但他意识不到自己身上存在抑制，因为他接受了自身文化中的普遍观念，认为女人是神圣不可侵犯的，并且根据这一点来看待自己。再如，如果一个人教条地信奉“谦虚是一种美德”，他就很容易形成不敢大胆追求的抑制倾向。同样原因，我们不敢去批评政治、宗教或其他领域中居统治地位的教条，自己也根本意识不到这种抑制作用的存在，因此也就意识不到自己身上与惩罚、批判或孤立有关的焦虑。然而，为了正确判断这种情形，我们必须详细了解个人因素。缺乏批判性意见并不一定意味存在抑制倾向，也可能是由于个人身上常见的思想懒惰、愚昧，或者他的信念与主流观点不谋而合。

焦虑的影响

以上三种因素中的任何一种，都可能致使我们识别不出存在于自身的抑制倾向,甚至经验丰富的分析师也很难发现。然而,即使能够识别出所有的抑制,还是有可能低估它们出现的频率。因此,我们必须考虑周全一些,尽管有些反应不能算典型的抑制,但它们实际上也颇具影响。在上述的几类态度中,尽管我们可以做一些事情,但相关的焦虑无疑会对活动产生影响,大致如下:

第一,从事一项让我们感到焦虑的活动,会有一种紧张、疲劳或耗竭的感受。举个例子,我的一个患者正逐渐摆脱对外出的恐惧,但她在这方面仍有很多焦虑。每当星期天出门时,她都感觉自己筋疲力尽。这种衰竭并非由于身体虚弱,因为她在做繁重的家务时一点也不觉得累。导致她感觉筋疲力尽的,正是这种与外出有关的焦虑。虽然她的焦虑已减轻到能够外出的程度,但还是会让她感到疲惫不堪。事实上,许多被认为是工作过度导致的疲劳感,并不是工作本身引起的,而是对工作或人际关系的焦虑。

第二,与一项活动有关的焦虑,会使这项活动的功能受到损害。例如,如果一个人在下命令时带着焦虑,那么这个命令就会打折,以带有歉意甚至无效的方式被下达。如果对骑马感到焦虑,会使人无法驾驭胯下之马。然而,人们对这些焦虑的意识程度有所不同。一个人可能意识到自己焦虑,使他无法成功地完成任务;他也可能只是隐约地感到自己做不好任何事,却不知道原因所在。

第三,与一项活动有关的焦虑,会破坏这项活动原本能产生的愉悦。这种说法对轻度焦虑并不适用,相反,轻度的焦虑可以带来更多的激情。带着轻微的害怕去坐过山车,可以让人感觉更刺激;但如果带着强烈的焦虑,就会让坐过山车成为一种苦刑。与性关系有关的强烈焦虑,会使性活动变得索然无味;如果没意识到这种焦虑,就会让人认为性活动本来就没有趣味。

第四,焦虑可能会导致人们厌恶某项活动。这一点可能让人有点困惑,因为我在前文中说过,不喜欢、厌恶可以作为回避焦虑的借口;现在我却说,对某项活动的厌恶是由焦虑导致的。事实上,这两种表述都是正确的。厌恶既可以当作回避焦虑的手段,也可以被认为是焦虑的结果。这不过是心理现象复杂难解的一个小例子而已。心理现象极其复杂,除非我们下决心研究那数不清的互动过程,否则无法在心理学知识上取得任何进步。

我们讨论如何保护自己免除焦虑,目的不是展示所有可能的防御措施。事实上,我们很快就会了解还有许多更极端的防止焦虑的方法。现在,我最关心的是,证明一个人承受的焦虑可能远超过他自己所意识到的,或者他根本不知道自己在承受焦虑;同时也指出在哪些地方比较容易发现焦虑。

简而言之,焦虑可能隐藏于生理不适的感觉中,例如心跳加快或疲劳乏力;它也可能被看似合理或恰当的恐惧所掩盖;它还可能是不为人知的驱动力,驱使我们沉迷酒色或各种其他的消遣。我们常常会发现,正是焦虑导致我们无法去做或享受某些事情,同时还会发现,它永远是各种抑制作用背后的动力因素。

出于某些原因(我将在下文讨论),我们的文化使生活于其中的个体产生了大量焦虑。所以实际上,每个人都建立了各种我在前面提及的防御机制。一个人的神经症越严重,防御机制对他人格的影响就越大,他想不到或做不到的事情就越多;尽管根据他的体力、智力和教育程度,他完全有理由做到这些事情。总而言之,神经症越是严重,抑制作用就越多,它们既微妙又强大。①

---

① 在《精神分析导论》(*Einfuehrung in die Psychoanalyse*)中,舒尔茨—亨克强调了缝隙(Luecken)的重要性,即我们在神经症患者的生活和人格中发现的那些缝隙(gaps)。

第四章 焦虑与敌意

无法忍受自己的敌意，主要是因为我们所敌视的人，同时也是我们深爱或需要的人；因为我们不想正视那些引发敌意的原因，比如嫉妒或占有欲等；因为从内心承认对某人的敌意是一件让人害怕的事。

焦虑的根源是敌意

在比较恐惧与焦虑的异同时，我们得出的首要结论是：焦虑的本质是包含了主观因素的恐惧。那么，这个主观因素都有哪些特征呢？

我们先来描述一个人在焦虑状态下的体验。在焦虑状态下的人，会感受到一种强烈的、逃避不了的危险，他自己对这种危险无计可施。无论焦虑的表现形式是什么，不管是害怕疾病、害怕暴风雨、害怕高处，还是任何类似的恐惧，极端可怕的危险和对这种危险的无能为力，是焦虑情绪中始终存在的两个因素。有时候，让他感到不可控制的危险力量来自外部——暴风雨、疾病、事故等；有时候，他感觉这种危险来自他内心难以抑制的冲动——害怕自己忍不住从高处一跃而下，或者害怕自己拿刀去砍人；而有时候，这种危险则完全是说不清、道不明的，就像焦虑发作时他所感受到的那样。

然而，这些感觉并不是焦虑情绪所特有的。在任何极端的危险面前，以及在面对这一危险时的无助情境中，人们都会产生这些感觉。我们不难想象，处于地震之中的灾民，或一个惨遭虐待的两岁婴儿，他们的主观感受，与一个人因暴风雨而感受到的焦虑，并没有什么不同。由此可知，人们所恐惧的危险存在于现实之中，那种无能为力的感觉是由现实决定的；而人们所焦虑的危险是被内心因素激发或夸大的，那种绝望无助的感觉是由个人态度决定的。

因此，对焦虑的主观因素的关注，就转化为一个更具体的问题：究竟是何种心理条件导致人们产生那些强烈的危机感，以及绝望无助的态度？不管怎样，这都是心理学家必然会抛出来的问题。身体内的化学反应也可以使人产生焦虑的感觉及伴随的生理现象，但就如同化学反应能够使人兴奋或入睡一样，这些都不是心理学所研究的范畴。

在处理焦虑这个问题时，如同解决其他问题一样，弗洛伊德也为我们指明了方向。他有一项重要的发现指出，焦虑中包含的主观因素来自我们的本能冲动。换句话说，无论是焦虑时所担心的危险，还是面对危险时的无助感，都是由我们自身强大的冲动引发的。在本章结尾，我将更详细地讨论弗洛伊德的观点，并指出我的结论与他的观点有何不同。

基本上，任何冲动都可能成为引发焦虑的潜在力量，前提是这种冲动足够迫切或激烈，或者实现这种冲动意味着将产生重大影响，会侵犯其他重要的利益或需求。在有着明确和严苛的性禁忌的时期，例如在维多利亚时代，被性冲动支配通常会将自己置于现实的危险中。例如，一个未婚少女要想满足自己的性冲动，就必须面对自身良心的不安和为社会所唾弃的现实危险；

而那些被手淫欲望所支配的人,则必须面对被阉割的恐惧以及对致命的身体或精神疾病的担忧。即使在今天,对于某些异常的性冲动,如暴露癖和恋童癖等,这个观点也同样适用。然而,在我们这个时代,对“正常的”性冲动,人们的态度已经变得十分宽容,不论是内心承认有这些性冲动,还是将这些性冲动付诸现实,都极少会为自己招来较大的危险。所以,我们在这方面也就没有那么多的担忧了。

根据我的经验,当下文化对性的态度的转变,很可能导致了这一事实:只有在特殊情境中,性冲动才是焦虑背后的动力因素。这种说法似乎有点意外,因为从表面上看,焦虑毫无疑问与性冲动有关。我们在神经症患者身上经常能看到与性有关的焦虑,或者因为焦虑而在性方面产生抑制。然而,通过更深入的研究发现,性冲动本身通常不是焦虑的根源,根源在于与性冲动伴随的敌意冲动,例如企图通过性行为来伤害或羞辱对方。

事实上,神经症焦虑的主要来源正是各种各样的敌意冲动。我担心这种新的观点,听起来又像是对某些个别案例的不合理的概括。尽管我在这些案例中发现了敌意与焦虑之间的关系,但这些并不是我形成这个观点的唯一根据。众所周知,如果某种敌意冲动的实现会使自我陷入困境,那么这种冲动就会直接造成焦虑。通过下面这个例子,可以理解许多类似的情况。F先生与他深爱的玛丽小姐一起爬山,途中,他因为莫名的猜忌而对玛丽小姐产生了强烈的愤怒。当他们走入一条陡峭的山间小道时,F先生突然感到被焦虑包围了,他呼吸急促,心跳加速,由于他在意识中产生了一种想把玛丽小姐推下山崖的冲动。这种敌意引起的焦虑和性欲引起的焦虑完全一样,根源都是一种强迫性的冲动,个体一旦屈服于这种冲动,就会给自我带来灾难。

压抑敌意的结果

然而，在大多数人身上，敌意与焦虑之间的因果关系并不那么清晰。因此，为了阐明在我们时代的神经症中，敌意冲动是引发焦虑的主要心理因素，我们有必要详细讨论压抑敌意导致的心理后果。

压抑带来的第一个不可避免的结果就是，它产生了一种不设防的感觉，或者更确切地说，它强化了一种早已存在的不设防感。因为压抑敌意意味着假装一切正常，使我们在应该战斗时避免了战斗，或者在想要战斗时就压制了冲动。当一个人的利益事实上遭到了侵犯，如果他还压抑自己的敌意，就有可能被别人占便宜。

化学家 C 的经历，说明了日常生活中的这种现象。C 由于劳累过度，患上了所谓的神经衰弱症。他本来才华横溢，充满斗志，但他自己却没有意识到这一点。由于某些我们暂且不提的原因，他压抑了自己的雄心壮志，因此表现得很谦和。他进了一家大型化学公司的实验室，一位年纪比他稍大、职位比他略高的同事 G，将他拉入自己的羽翼之下，并一直表现得对他很关照。由于一系列个人因素——对他人的情感依赖、不敢提出批评意见、未能认识到自己的雄心因而也没看出他人的野心——C 乐意地接受了这份友谊，但他并没有注意到，事实上 G 只关心自己的事业前途。有一次，G 报告了一个可以投入生产的发明创意，并说那是他自己的想法，而事实上，这是 C 以前在一次交流中透露给 G 的。有那么一瞬间，C 对 G 产生了怀疑，但由于他自己的野心激起了内心强烈的敌意，他不仅立即压制了这种敌意，还压抑了本应该出现的怀疑和质问。这样一来,他仍然相信G是他最好的朋友。结果,当G劝他不要继续这项工作时,他就信以为真地接受了劝告。当G完成了那项C本来可能会完成的工作时,C也只是认为G的天赋和智慧在自己之上;他还为自己有这样一位令人钦佩的朋友而感到高兴。因此,由于压抑了自己的怀疑和愤怒,C没有认识到,在一些关键问题上,G实际上是敌人而非朋友。由于C一心坚持G是真心待他好,他放弃了为自己的利益而斗争。他甚至都没意识到,对自己而言的关键利益正在受到侵犯,因此他也不可能与对方斗争,只能任凭对方利用自己的弱点。

通过压抑敌意来克服的恐惧,也可以通过有意识的控制来克服。但一个人是控制还是压抑敌意,并不是自己自由选择的,因为压抑的过程与反射类似,是自动化的过程。当一个人无法忍受自己的敌意时,压抑就会自然发生。当然,此时个体无法通过有意识的控制来克服敌意。无法忍受自己的敌意,主要是因为我们所敌视的人,同时也是我们深爱或需要的人;因为我们不想正视那些引发敌意的原因,比如嫉妒或占有欲等;因为从内心承认对某人的敌意是一件让人害怕的事。在这些情况下,压抑就成了患者获得安全感最快速和最直接的方法。通过压抑,可怕的敌意从意识中被驱除,或者被阻止进入意识。我想换个方式来重复这句话,因为它看似简单,却是很少被人理解的一个观点:如果一个人的敌意被压抑了,他根本就意识不到自己有敌意。

然而,从长远利益来看,最快获得安全感的方法不一定是最好的方法。通过压抑,虽然“敌意”被逐出了意识(为了表明其动力学特征,这里最好使用“愤怒”这个词),但它并没有消失。自此，具体的敌意脱离了个体的人格背景，失去了控制，作为一种爆炸性和喷发性的情感，在人们的内心中翻腾并等待随时爆发。这种被压抑的情感的破坏性更强，因为它的孤立性使其具有了更强、更大的力量。

如果个体意识到了敌意的存在，一般会从三个方面来限制它。首先，在特定的情境中，他会考虑自己周围的环境，判断自己对敌人或“假想敌”能够做什么，不能够做什么；其次，如果对一个自己欣赏、喜欢或需要的人感到愤怒，那么这种愤怒迟早会与他的整个情感融为一体；最后，既然个体已经形成了有所为而有所不为的认识，只要他发展出这种人格，敌意冲动自然会受到限制。

但如果这种愤怒受到了压抑，那么，也就不可能有上述的限制了。其结果就是，敌意冲动会同时突破内部和外部的限制，尽管这只是出现在幻想之中。如果上文提到的那位化学家听从了他的敌意冲动，他就会告诉别人，G 先生是如何破坏和利用了他的友谊；或者他向上级透露，G 先生剽窃了他的思想并阻止他进行相关研究。但是，由于他的愤怒被压抑了，这种愤怒也就分化、扩散开来，最后出现在他的梦境里。在梦中，他可能会以某种象征性的方式成为杀人犯，或者成为受人敬仰的天才，而其他人在梦中都颜面扫地。

随着时间的推移，受压抑的敌意会不断分化和扩散，在这个过程中，又会由于外部因素而得到进一步强化。例如，一位员工对他的上司感到愤怒，因为上司没有事先商量就给他安排了工作；如果这位员工压抑了他的愤怒，从不反驳上司的安排，那么上司就会继续不尊重他的意见。这样一来，这位员工就会对上司不断产生新的敌意。[①]

压抑敌意的另一个结果是，个体会把那些难以控制的、极具爆发性的情感“记录”(registers)在案。在讨论这个结果之前，我们必须先考虑一个问题。根据上述定义，压抑情感或冲动会让个体意识不到它的存在，因此在他意识中，他并不知道自己对别人有敌意。那么，我怎么能说他会把这种受压抑的情感“记录”在案呢？实际上，意识与无意识并没有严格的界限，正如沙利文[②]在一次演讲中指出的，意识包含了许多层次。不仅受压抑的冲动仍在发挥作用——这是弗洛伊德的基本发现之一，而且在更深层次的意识中，个体甚至知道这种冲动的存在。简而言之，这意味着我们根本无法欺骗自己。我们对自己的观察，比自己能意识到的更清楚；就如同我们对他人的观察，也往往比我们自己能意识到的更清楚。我们对他人的第一印象往往比较准确，就属于这种现象。不过，我们可能有各种理由忽略自己的观察。为了避免重复说明，我将使用“记录”这个词，特指我们知道自己内心的活动而又没有意识到这一点。

只要敌意及其对其他利益的潜在危险足够大，压制敌意就足以造成焦虑。那种模糊的不安状态，可能就是这样造成的。然而，更常见的情况是，由于人们迫切需要摆脱这种危险的情感——它从内部威胁个体自身的利益与安全，这个过程不会到此结束。于是出现了第二个类似反射的过程：个体把他的敌意

---

① 昆克尔(F. Kuenkel)在《性格学引论》(*Einfuehrung in die Charakterkunde*)中注意到了这一事实：神经症患者的态度会导致环境对他做出反应，通过这种反应，患者的态度本身又会得到强化，结果患者就会越陷越深，难以自拔。昆克尔称这种现象为恶性循环(Teufelskreis)。

② 沙利文(H.S.Sullivan)，美国著名精神病学家，精神分析社会文化学派代表人物之一，创立了精神病学的人际关系取向。——译者注

冲动“投射”到外部世界。第一种“假装”，即压抑作用，需要第二种“假装”来补救：他“假装”破坏性冲动不是来自他的内心，而是外部世界的人或物。一般而言，他的敌意冲动所针对的人，就是他所投射的对象。其结果是，这个人成了他假想的罪魁祸首，变得异常可怕，部分是因为这个人被他赋予了残酷无情的性质，而这本是投射者自身受压抑的冲动所具有的性质；另一部分是因为任何危险的影响力或破坏力不仅取决于真实情境，而且取决于个人对这些情境所采取的态度。一个人的防御能力越弱，他面临的危险就显得越大。[①]

作为一种次要作用，投射也可以被个体用来充当自我辩护。当一个人不承认自己想要去欺骗、偷盗、剥削、羞辱他人时，他会认为是别人想要对他做这样的事情。如果一位妻子忽视了自己伤害丈夫的冲动，并且认为自己非常爱丈夫，那么由于投射机制，她很可能会认为，丈夫才是那个想要伤害她的残暴之徒。

这种投射过程有可能得到另一个过程（与投射目的相同）的支持，即个体对报复的恐惧会控制住受压抑的冲动。在这种情况下，一个人想要伤害、欺骗、欺诈别人，同时也害怕别人以彼之道还之彼身。这种对报复的恐惧，究竟在多大程度上是人性中根深蒂固的普遍特征，究竟在多大程度上源于对罪恶和惩罚的原始经验，究竟在多大程度上是因为个人报复的冲动，我在这里不做讨论。但毫无疑问，这种对报复的恐惧在神经症患者心中有着重要影响。

受压抑的敌意所产生的心理过程，又进一步产生了焦虑情

---

① 弗洛姆在《权威与家庭》(*Autoritaet und Familie*)中就曾明确指出，我们对某种危险做出的焦虑反应并非机械地取决于这种危险的实际情况。“一个养成了无助和消极态度的个体，对于相对较小的危险，也会做出十分焦虑的反应。”

绪。事实上,这些压抑引发了一种典型的焦虑状态:由于感到来自外界的强大危险,产生了一种毫无防御之力的感觉。

虽然焦虑的形成原理很简单,但在实际中,要理解焦虑是如何产生的却很困难。其复杂因素之一是,受压抑的敌意冲动,往往不是投射到与之相关的人身上,而是投射到其他事物上。例如,在弗洛伊德的经典案例中,小汉斯就没有对他的父母产生焦虑,而是对马产生了焦虑。[①] 我有一个患者,本来很理智,但在她压抑了对丈夫的敌意之后,突然对游泳池中的水爬虫产生了焦虑。看起来似乎任何事物,从细菌到暴风雨,都可以引起人们的焦虑。这种把焦虑从与之相关的人身上转移的倾向,原因是显而易见的。如果在实际中,焦虑是针对父母、爱人和朋友等,那么,这种敌意就会与本来的尊重、爱或欣赏的态度相悖。在这种情况下,最好的办法就是完全否认敌意。通过压抑自己的敌意,个体就否认了自己有任何敌意;而把心中的怨恨投射到其他事物上,他也就否认了对方有任何敌意。许多幸福婚姻的幻象都是建立在这种鸵鸟政策上。

从逻辑上来讲,压抑敌意必然会产生焦虑,但这并不意味着每当个体压抑时,都会表现出焦虑。焦虑也可能会迅速地转移,通过我们讨论过的,或者将要讨论的某种防御机制进行转移。比如,一个人变得越来越嗜睡或者更加严重的酗酒,通过这种方式来保护自己免受焦虑。

压抑敌意的焦虑表现

在压抑敌意的过程中,可能会产生各种各样的焦虑。为了

① 西格蒙德·弗洛伊德:《弗洛伊德文集》(*Collected Papers*),第3卷。

更好地理解它的结果,我在下面列出不同的焦虑表现。

A. 感到危险来自自身内部的冲动。

B. 感到危险来自外部世界。

从压抑敌意导致的结果来看,A组似乎是压抑作用的直接结果,而B组似乎是投射作用的结果。无论A组还是B组,又可以进一步分为两个亚组。

1. 感到危险是针对自己的。

2. 感到危险是针对他人的。

这样一来,我们就有了四种主要的焦虑表现:

A1. 感到危险来自自身内部的冲动,并且是针对自己的。(在这一焦虑类型中,敌意会反复地针对自我,我们将在后文中对此进行讨论。)

例证:害怕自己忍不住从高处往下跳。

A2. 感到危险来自自身内部的冲动,并且是针对他人的。

例证:害怕自己拿刀去伤害别人。

B1. 感到危险来自外部世界,并且是针对自己的。

例证:害怕暴风雨伤害自己。

B2. 感到危险来自外部世界,并且是针对他人的。(在这一焦虑类型中,敌意被投射到外部世界,而敌意所针对的最初对象依然存在。)

例证:过分操心的母亲总是担心她的孩子会遇到外在的危险。

不用说,这种分类的价值是有限的。它可以帮助我们更迅速地判断焦虑的类型,但它并不能揭示所有的可能性。例如,我们不能由此推断,一个具有A型焦虑的人不会把敌意投射到他人身上；我们只能推断，在这种形式的焦虑中，投射作用暂未出现。

敌意能够产生焦虑，但两者的关系并不仅限于此。这个过程也可能逆向作用：个体受到威胁时引发了焦虑，而出于防御他可能会产生反应性的敌意。在这一点上，焦虑和恐惧并没有什么区别，恐惧也会引发攻击。当然，如果反应性的敌意受到了压抑，它也会产生焦虑，这样就形成了恶性循环。敌意与焦虑相互作用，往往会导致一方激发并强化另一方，这使我们能够理解为什么神经症患者身上充满了冷酷无情的敌意。[①] 这种相互影响，同时也从根本上解释了这一现象：即使没有任何明显的外界不良刺激，重度神经症患者的病情却常常日趋恶化。焦虑和敌意，究竟哪个是首要因素，这并不重要；对于神经症的动力因素来说，更重要的是，焦虑和敌意相互交织、密不可分。

我与弗洛伊德的分歧

总的来说，我提出来的焦虑概念，基本上是根据精神分析方法发展而来的。它要依靠无意识、压抑、投射等动力才能发挥作用。然而，如果我们进一步探究，就会发现，这个概念在许多方面不同于弗洛伊德的观点。

弗洛伊德先后提出了两种关于焦虑的观点。第一个观点，简单来说，即焦虑产生于对冲动的压抑。这里的冲动仅仅指性冲动，所以这纯粹是生理学角度的解释；弗洛伊德相信，如果性能量受到阻碍而无法释放，它就会在身体内导致生理紧张，继而

① 当我们意识到敌意经由焦虑得到强化，我们似乎就没有必要像弗洛伊德在他的死本能理论中所做的那样，为这种破坏性的驱力寻找一个特定的生物学根源。

转化为焦虑。他的第二个观点是，焦虑，更确切地说是神经症焦虑，来源于对那些冲动的恐惧。[①] 第二种观点是心理学角度的解释，这里不仅指性冲动，也包括攻击冲动。在第二种解释中，弗洛伊德并不关心冲动是否受压抑，而只关心个体对冲动的恐惧，因为放纵这些冲动会导致外来的危险。

我与弗洛伊德的第一个分歧，就在于我坚持认为他的两种观点必须结合起来，才能理解焦虑的全貌。因此，我抛弃了弗洛伊德第一个观点的纯粹生理学视角，并将其与第二个观点结合起来。总而言之，焦虑的主要来源不是对冲动的恐惧，而是个体对“受到压抑的冲动”的恐惧。在我看来，弗洛伊德没有充分发挥他的第一个观点，原因在于：尽管它来源于精细的心理学观察，但他只从生理学角度进行解释，而没有提出相应的心理学问题——如果一个人压抑了某种冲动，那么他的心理会发生哪些变化。

我与弗洛伊德的第二个分歧，可能从理论上看不太重要，但在实践方面十分重要。我完全同意他的观点：如果放纵某种冲动会招致外来的危险，那么这种冲动就有可能产生焦虑。性冲动当然是这样的冲动，但这里应该有个前提，即个人和社会对性冲动设置了严格的禁忌，才会使其成为危险的冲动。[②] 根据这个观点，性冲动引发焦虑的可能性，在很大程度上取决于当前文化对性的态度。因此，我并不认为性本身是焦虑的特定来源。然而，我完全相信在敌意中，更确切地说，在受压抑的敌意冲动中，

---

① 弗洛伊德：《焦虑与本能生活》，《精神分析引论新编》，原书第120页。

② 在某些社会中，也许正如塞缪尔·巴特勒(Samuel Butler)在《乌有乡》(*Erewhon*)中所描述的，任何疾病都会遭到严厉的惩罚，因此人们如果生病，就会感到不安。

确实存在这种产生焦虑的特定来源。让我用简单的语言再概括一下这一章所呈现的概念，那就是：无论何时，只要我发现了焦虑，哪怕是一点迹象，我的脑海里就会浮现这样的问题——是哪个敏感的地方受到了刺激，从而引起了敌意？又是什么使人们必须压抑这种敌意？从我的经验来看，朝着这些方向探索，就会获得对焦虑的令人满意的理解。

我与弗洛伊德第三个分歧在于他的另一个假设，即焦虑起源于童年期，从所谓的出生焦虑开始，继而进入阉割恐惧，而后来生活中产生的焦虑都是基于童年的幼稚反应。“不用说，我们所谓的神经症患者，他们对待危险的态度仍然很幼稚，还没有摆脱过去的焦虑情境而成熟起来。”①

我们来讨论一下这一解释中包含的各种因素。弗洛伊德认为，人们在童年期特别容易产生焦虑的反应。这个事实无可争辩，有充分的理由：因为儿童对于种种不利的环境，相对来说是无力抗争的。事实上，在性格神经症患者身上，我们总是发现，焦虑的形成开始于童年早期；或者至少我所说的基本焦虑，在童年早期就已经埋下了种子。然而，除此之外，弗洛伊德还认为，成年神经症患者的焦虑，仍然与最初引发它的条件有关。举个例子，这意味着，一个成年男人会像他小时候一样，饱受阉割恐惧的折磨，尽管表现形式有所不同。确实在极少数的病例中，一种童年期的焦虑反应可能在适当的条件下，以毫无改变的形式

① 弗洛伊德：《焦虑与本能生活》，《精神分析引论新编》，原书第123页。

重新出现在成人患者身上。[①]

然而，总的来说，我们发现的问题并不是单纯的重复，而是在童年基础上的发展。在一些案例中，心理分析可以帮助我们对神经症的形成和发展获得十分完整的理解。我们可以发现，从童年早期的焦虑到成年的性格怪癖之间，存在着一条连续不断的反应链。因此，人生后来的焦虑中确实包含了童年期所存在的特定冲突，但从整体上看，焦虑情绪并不是一种童年期的幼稚反应。如果把任何幼稚的态度，都视为发生于童年期的态度，我们就会混淆两种完全不同的东西。如果我们可以把焦虑看作童年期的幼稚反应，反过来，我们也有同样正当的理由，把焦虑看作儿童身上早熟的成人态度。

---

① J. H. 舒尔茨在《神经症、生存需要和医生的职责》(*Neurose, Lebensnot, Aerztliche Pflicht*)中，记录了这样一个案例：有一个员工总是换工作，因为有些上司总是让他感到愤怒和焦虑。心理分析表明，激怒他的是那些留有某种样式的胡须的上司。这个患者的反应，实际上是在重演他三岁时对父亲的反应，当时，父亲曾以威胁和恐吓的方式攻击他的母亲。

第五章 神经症的基本结构

神经症患者可能同时被几种强迫性的需要所驱动：他既想支配所有人，又希望被所有人爱；既顺从他人，又将个人意志施加于人；既疏远他人，又渴望得到关爱。正是这些无法解决的冲突，构成了神经症最常见的动力核心。

现实中的冲突情境可以充分地解释焦虑，但如果我们在性格神经症中，发现了导致焦虑的条件，我们就必须考虑先前已有的焦虑，以便说明为什么在那一特定时刻下，患者会产生敌意并加以压抑。于是，我们可能会发现，先前存在的焦虑，又是之前已有敌意的结果，如此反复循环。为了理解整个过程是如何发展的，我们不得不追溯到童年时期。①

这是我处理童年经历问题的少数情形之一。虽然与其他精神分析学家相比，我较少提到童年期，但这并不代表我认为童年期的经验不重要，而是因为在这本书中，我要讨论的是神经症人格的实际结构，而不是导致神经症的个体经验。

童年不幸的环境

在研究了许多神经症患者的童年经历后，我发现，遭遇不幸

① 在此我并不打算讨论，在心理治疗中，童年时期要追溯到多久远才有效。

的环境，乃是他们身上共同的特征。我把这种不幸的环境大致描述如下。

最基本的不幸是缺乏真正的爱与温暖。如果一个孩子在内心感到自己被人需要、被人爱，他其实可以忍受很多通常被视为创伤的事件，例如，突然断奶、偶尔挨打、性方面的经历等。不用说，孩子能够敏锐地觉察这份爱是否真诚，绝不会被任何虚情假意所蒙骗。孩子没有得到足够的温暖和关爱，主要是因为父母本身患有神经症，无法给予孩子所需要的温情。在我的经验中，最常见的情况是，父母声称一切都是为了孩子的利益，把这种温情的基本缺失伪装起来。一位“过于理想”的母亲，她的教育理念、过分担忧和自我牺牲的态度，是造成这种氛围的基本因素，而这种氛围最能让孩子对未来产生巨大的不安全感。

此外，我们还在父母身上发现了许多行为和态度，它们必然会让子女产生敌意。例如，对某个孩子的偏爱，不公平的责骂，忽冷忽热，不遵守承诺，等等。同样，他们对待孩子需求的态度也成问题，即使是正当合理的愿望，要么是一口回绝，要么是一贯干涉，例如，干涉孩子的交友，嘲笑孩子的独立思考，破坏孩子的兴趣——不管这些兴趣是艺术方面、体育方面，还是机械方面的。总之，父母的这种态度，即便不是有意的，事实上也会破坏孩子的意志。

大多数精神分析学家分析引起儿童敌意的因素，都强调儿童愿望的受挫(特别是性愿望的受挫)，以及儿童的嫉妒心理。童年期产生敌意，很有可能是因为我们文化对普遍欢乐的态度，尤其是对儿童性行为的禁忌，无论后者涉及的是性好奇、手淫，还是与同伴玩性游戏。但是，这种挫折并不是敌意的唯一原因。通过观察，我们发现，儿童和成年人一样，可以承受大量的剥夺，只要这些剥夺是公正的、公平的、必要的，是情有可原的。举例而言，孩子并不介意接受清洁教育，只要父母不过分施压，也不以欺骗或残忍的手段来强迫他。同样，孩子也不介意偶尔受惩罚，只要他觉得自己仍然被爱，觉得这个惩罚是公正的，而不是为了伤害或羞辱他。我们很难断定挫折本身是否会引发敌意，因为在儿童遭受挫折和剥夺的环境中，通常还有许多其他刺激因素并存。事实上，重要的是挫折的意图，而不是挫折本身。

我强调这一点的原因是，人们往往把重点放在挫折本身的危险上，这使得许多父母比弗洛伊德本人走得还要远，他们避免对孩子做任何干涉，以免他们因此受到伤害。

事实上，无论在儿童还是成人身上，嫉妒都是滋生仇恨和敌意的来源之一。毫无疑问，兄弟姐妹之间的嫉妒[①]，以及对父亲或母亲的嫉妒，在神经过敏的孩子身上扮演着重要角色。甚至，在孩子长大以后，这种态度还会对他产生持久的影响。然而，我们不免心生疑问：到底什么样的情境会产生这种嫉妒？这种在手足之争或俄狄浦斯情结中观察到的嫉妒，必然会出现在每一个儿童身上吗？或者它们只是被某些特定情境所激发？

弗洛伊德在神经症患者身上发现了俄狄浦斯情结。他从这些患者身上观察到，对父母某一方的强烈嫉妒极具破坏性，足以引起孩子内心的恐惧，并可能对其性格形成和人际关系产生持久影响。由于在当时的神经症患者身上经常观察到这种现象，弗洛伊德认为这是一种普遍的现象。他不仅假定俄狄浦斯情结是神经症的症结所在，还试图将此作为理解其他文化中复杂现

---

① 大卫·莱维（David Levy）：《手足竞争实验中的敌对模式》（*Hostility Patterns in Sibling Rivalry Experiments*），载于《美国精神病学杂志》，第 6 卷，1936 年。

象的基础。[①] 但正是这种概括让人心生疑虑。在我们的文化中，手足之间以及父母和子女之间确实容易产生嫉妒反应，这种嫉妒也同样可能发生在任何一个联系紧密的群体中。但这并不能证明，这种破坏性强且持久的嫉妒反应——在谈论俄狄浦斯情结或手足之争时，我们想到的正是这些——像弗洛伊德所假设的那样普遍，不论是在我们的文化中，还是在其他文化中。总的来说，这些嫉妒是人类的自然反应，但它们在儿童的成长环境中被人为激发出来了。

在后文讨论神经症嫉妒的一般内涵时，我们将详细阐释是哪些因素引发了嫉妒。在这里，我们只需要清楚，缺乏温情和鼓励竞争会导致嫉妒。此外，那些患有神经症的父母制造出这种氛围，通常是因为他们对自己的生活不满，对情感关系和性关系不满。于是，他们倾向于把孩子视为爱的对象。他们把对爱的需求寄托在子女身上。这种爱的表达不一定带有性的色彩，但是它具有高度的情感内涵。我不敢确定，子女与父母关系中隐藏的性冲动，是否会强烈到足以引起潜在的障碍。但不管怎样，在我所知道的案例中，患有神经症的父母都是通过恐吓或温情，迫使孩子陷入充满张力的依恋关系，并使其带有弗洛伊德所描述的占有和嫉妒的全部内涵。[②]

我们一般认为，对家庭或家庭中某些成员产生敌意，对儿童的成长来说是不幸的。当然，如果父母患有神经症，孩子不得不

① 弗洛伊德：《图腾与禁忌》。

② 总的来说，这些观点与弗洛伊德的俄狄浦斯情结的概念并不一致。我认为，俄狄浦斯情结不是生物学上的现象，而是受文化制约的。许多学者都讨论过这个问题，如马林诺夫斯基(Malinowski)、博姆(Boehm)、弗洛姆、赖希(Reich)，因此，我在这里仅仅指出，在我们文化中有可能产生俄狄浦斯情结的因素：两性冲突导致婚姻不和谐；父母滥用权威；禁止子女释放性冲动；把子女幼稚化，使其在情感上依赖父母，不然就孤立他们。

反抗他们,那确实很不幸。然而,在正常情况下,如果这种反抗正当合理,那么对儿童人格发展的危险并不在于表达反抗,而在于压抑反抗。压抑批评、反抗或指责会产生很多危险,其中之一就是,儿童可能会把所有责任都归咎到自己身上,并觉得自己不值得被人爱。我们将在后文讨论这种情况的丰富内涵。在这里,我所担心的危险是,受到压抑的敌意会产生焦虑,然后开始经历上文讨论过的发展过程。

儿童为何压抑敌意

在这种环境中长大的孩子,为什么会压抑自己的敌意呢?原因有很多,其中主要的四种原因是:无助、恐惧、爱或罪疚感,它们以不同程度通过不同的组合方式发挥作用。

儿童的无助,通常只被当作一个生物学事实。虽然,在很长一段时间内,儿童确实依赖于周围环境来满足自己的需要——因为与成年人相比,他们的身体不够健壮、经验不够丰富——但人们仍然过分强调了这个问题的生物学因素。儿童在两三岁之后,就会发生一种明显的变化,从占主导地位的生物性依赖,转变为心理、智力和精神生活的依赖。这种变化从童年期开始,一直持续到成年早期,直到他能够自力更生为止。然而,在这个过程中,孩子对父母的依赖程度因人而异。这主要取决于父母有什么样的教育目标:是倾向于让孩子坚强、勇敢、独立、能够应对复杂的情境;还是倾向于保护孩子,让他温顺听话,让他免受现实生活的锤炼,即便他已经 20 多岁了,仍然把他当作小孩子来对待。在这种不良环境下成长的儿童,他们的无助感通常由于父母的恐吓、溺爱,或者自身对父母的情感依赖状态,而被人为地强化了。一个儿童越是无助,就越不敢感受敌意和表现反抗,这种反抗就会被拖延得越久。在这种情况下,他们潜在的想法,或者说他们的座右铭是:我必须压抑我的敌意,因为我需要你。

儿童的恐惧,可以因大人的威胁、禁令和惩罚,以及亲眼所见的暴力场面直接引发;此外,也可以因间接的恐吓引发,比如给孩子灌输生活中的种种危险——细菌、街上的车辆、陌生人、野孩子、爬树,等等。孩子越感到恐惧,就越不敢表现敌意,甚至不敢去感受敌意。在这种情况下,孩子内心的座右铭就是:我必须压抑我的敌意,因为我害怕你。

儿童所需要的爱,是让他们压抑敌意的另一个原因。当父母对孩子缺乏真正的爱时,往往会在口头上宣称自己如何爱孩子,如何为孩子付出心血、自我牺牲。在这种环境下长大的孩子,尤其同时又不断受到外界的恐吓,会紧紧地抓住这种爱的替代品,不敢表达任何反抗,唯恐失去因顺从而获得的奖赏。这个时候,孩子内心的座右铭是:我必须压抑我的敌意,因为我害怕失去爱。

至此,我们讨论了孩子会压抑自己敌意的许多情形,因为他担心表达敌意会破坏他与父母的关系。在恐惧的驱使下,他害怕这些强大无比的巨人会遗弃他,会收回他们让人安慰的温情,甚至转而反对他。此外,在我们的文化中,孩子一贯受到的教育是,如果感受到了某种敌意或表达了某种反抗,他就应该感到罪疚。也就是说,他被教育成这个样子:如果他对父母感到或表达了愤怒,如果他违背了父母制定的规则,他就会觉得自己卑鄙可耻。这两个产生罪恶感的条件是紧密相关的。一个孩子越是因为违反规则而感到罪疚,就越不敢对父母有任何愤怒或怨恨。

在我们的文化中,性领域是一个最容易激发罪恶感的禁区。

不管这种性禁忌的规则是潜在的，还是通过威胁和惩罚公开表现出来，孩子都会经常意识到，对性的好奇和对性行为的探索是被禁止的，如果他沉溺其中，他就是肮脏下贱的。如果他对父母中任何一方有任何性愿望和性幻想，即使由于一般的性禁忌没有公开表现出来，他也会因此感到自己罪孽深重。在这种情形下，孩子内心的座右铭是：我必须压抑我的敌意，因为如果我怀有敌意，我就是个坏孩子。

上述影响儿童表达敌意的原因，可能以各种不同的形式组合起来，使孩子把他的敌意压抑下去，并最终产生焦虑。

什么是基本焦虑

然而，是否每一种童年期的焦虑最终都会导致神经症呢？根据目前的认识，我们还不能做肯定的回答。我个人认为，童年期的焦虑是罹患神经症的必要条件之一，但并不是充分条件。如果我们创造出良好的环境，例如，及时改变不利条件，通过各种方法消除不利因素的影响，似乎可以预防神经症。然而，正如经常发生的那样，如果生活中的环境并不能减少焦虑，那么这种焦虑不仅长期存在——我们在下文会看到——而且它势必还会不断增强，并推动促成神经症的所有过程。

在所有影响童年期焦虑进一步发展的因素中，我想对其中一个加以讨论。敌意与焦虑的反应，只是局限于迫使儿童产生不安的环境中，还是会发展为针对所有人的敌意与焦虑？这两者是有很大差别的。

举例来说，如果一个孩子相当幸运，有一位慈祥的祖母，一位善解人意的老师，一些玩得好的朋友，那么他与这些人相处的经历,足以使他避免感到别人的恶意。反之,一个孩子在家庭中的处境越艰难,就越容易对父母和同胞产生仇恨,越容易对其他人产生不信任感或敌意;而这个孩子越孤立,越不能丰富和拓展自己的人际经验,这种情况就越容易恶化。最后,这个孩子越是掩盖他对家庭的怨恨,比如通过顺从父母的态度来掩饰,就越会把焦虑投射到外部世界,并因此认定整个"世界"都充满危险和恐怖。

这种对"世界"的普遍焦虑,可能会逐渐发展或增强。一个在上述环境中长大的孩子,在与其他孩子的交往过程中,不敢像他们那样表现出进取心、冒险精神或斗争意识。他丧失了被人需要这种最幸福的感觉,甚至会把没有恶意的玩笑也当作残忍的拒绝。他比其他孩子更容易受到伤害,也更缺乏自我保护的能力。

上述因素或相似因素会导致这样一种状态,患者的内心会有一种不断增长且无所不在的孤独感,以及置身于一个充满敌意的世界中的无助感。对个别环境因素做出的许多激烈反应,会使个体慢慢形成一种性格态度。这种态度本身不会构成神经症,但它是一块肥沃的土地,有可能在任何时候发展出特定的神经症。这种态度在神经症中发挥着根本性的作用,因此我给它起了一个特别的名称:基本焦虑。它与基本敌意紧密地交织在一起。

在心理分析中,修通不同个体的种种焦虑之后,我们会逐渐发现一个事实:基本焦虑潜藏在所有的人际关系中。尽管个体的焦虑可能由现实因素所激发,但在实际情境中,即使没有特定的刺激,基本焦虑也仍然存在。如果把神经症的整个情形比作国家动荡不安的状态,那么基本焦虑和基本敌意,就相当于人们对政治体制的潜在不满与反抗。在这两种情况下,我们可能完全看不出任何迹象,它们也可能以各种形式表现出来。在动荡的国家中,它们可能表现为暴动、罢工、集会、游行示威。而在心理领域也是如此,焦虑可能会表现为各种症状。不管特定的刺激是什么,所有焦虑的外在表现都来自一个共同背景。

在单纯的情境神经症中,并没有基本焦虑这回事。情境神经症是个体对现实中的冲突情境做出的神经症反应,而这些人的人际关系并未受到干扰。下面的案例或许可以作为一个例子,这种情况也经常出现在心理治疗中。

一名 45 岁的女性倾诉道,她晚上老是心跳加速,焦虑不安,并伴有大量盗汗。所有的证据都表明,她的身体没有发生任何器质性的病变,是一个健康的人。在人们的印象中,她是一个热情爽快的女人。20 年前,迫于外界原因,她违愿嫁给了一个比自己大 25 岁的男人。不过,他们的生活一直很幸福,在性方面也很和谐;有三个孩子,都养育得很好。她十分勤劳,也善于持家。最近五六年来,她丈夫的脾气变得暴躁,性能力也有所衰退,但她忍受了这一切,并没有任何神经症的反应。烦恼开始于 7 个月前,一个与她年纪相仿、讨人喜欢又让人信赖的男人对她大献殷勤。结果,她对年迈的丈夫开始产生怨恨,但考虑到自己整个心理和社会背景,考虑到基本上美满的婚姻关系,她完全压抑了这种情感。经过几次面谈的帮助,她最终能够面对冲突的情境,并因此消除了焦虑。

把性格神经症的案例与纯粹的情境神经症案例进行比较,最能说明基本焦虑的重要性。情境神经症出现在健康的个体身上,他们由于某些可以理解的原因,无法有意识地解决冲突情境,换言之,他们无法面对冲突的存在和冲突的性质,因此无法做出明确的决定。这两种神经症有一个明显的差异：对情境神经症的治疗容易取得效果；而对性格神经症的治疗往往会遇到很大困难，并因此需要持续很长时间，有时甚至由于持续时间太长，患者还未被治愈就退出了。对造成问题的情境做出清晰明了的讨论，不仅可以治疗症状，而且还可以治疗病因；而在另一些情况下，仅仅通过改变环境就可以解决问题。[①]

因此，我们对情境神经症的印象之一是，冲突的情境与神经症反应之间有着某种恰当的关系；而这种关系似乎并不存在于性格神经症中。由于基本焦虑的存在，即使最轻微的刺激也可能激起最强烈的反应，我们将在后文对此进行详细讨论。

尽管焦虑的表现，或者说，为对抗焦虑而采取的防御措施，范围非常之广，形式多种多样，但在任何时候，基本焦虑或多或少都是一样的，只是在程度上有所差异。我们可以粗略地把基本焦虑描述为如下的感觉：渺小、无足轻重、无助、被遗弃、受威胁，仿佛身处一个充满谩骂、欺骗、攻击、贬低、背叛和嫉妒的世界。我有一位患者，在她画的一幅画中表达了这种感觉：在这幅画中，她坐在一个场景中央，是一个瘦弱、无助、赤身裸体的小婴儿，周围环绕着各种可怕的怪物、人和动物，随时都可能攻击她。

我们常常发现，精神病患者能敏锐地意识到这种焦虑。在偏执狂患者身上，这种焦虑针对的是一个或几个特定的对象；而精神分裂症患者，常常对周围世界中潜在的任何敌意都异常敏感，他们很容易把别人的善意也当作敌意。

然而，神经症患者很少意识到基本焦虑或基本敌意，至少没有意识到它们对人生的重要影响和意义。我有一个患者，曾梦

---

① 在这些情况下，精神分析是不必要的，也是不可取的。

见自己变成一只小老鼠,为了避免被人喊打,不得不整天躲藏在洞里。事实上,这是她现实生活的真实写照。她并没有认识到,自己确实害怕所有人,她还告诉我,她不知道什么叫焦虑。对神经症患者而言,那种不信任所有人的基本敌意,可以被一种表面的信念遮掩起来,即相信所有人都是可爱的;与此同时,他还可以与别人建立一种敷衍的友好关系,他可以频繁地称赞每个人,从而掩饰自己对他们深深的蔑视。

尽管基本焦虑的对象是人,但它也可以完全摆脱其人格特征,转化为对暴风雨、政治事件、细菌、事故、食品的焦虑,或者转化为对命中注定、劫数难逃的遭遇的焦虑。对有经验的观察者来说,要认清这些态度的基础并不难;但要让神经症患者本人认识这一点,即他的焦虑实际上并不是针对细菌之类,而是针对人的,往往需要经过大量深入的心理分析。此外,神经症患者对他人的恼怒,有时也不是(或不只是)对实际挑衅做出的公正反应,而是因为对他人形成的基本敌意和不信任。

在描述基本焦虑对神经症的影响之前,我们必须先讨论一个问题,它可能隐藏在许多读者心中:难道这种针对他人的基本焦虑和基本敌意的态度,被认为是神经症的基本构成因素的态度,不是一种“正常”的态度吗?难道不是每个人私下里都有一些焦虑和敌意吗(尽管可能程度较轻一些)?在思考这个问题时,我们必须区分两种观点。

如果“正常”指的是普遍的人类态度,那我们可以说,基本焦虑确实是一种正常的态度,正如德国哲学和宗教中所谓的“生之烦恼”(Angst der Kreatur)。这个词汇的意思是,事实上,我们所有人在面对比自己更强大的力量时,比如死亡、疾病、衰老、自然灾害、政治事件、意外事故,都是无助的。第一次意识到这一点,是在童年的无助中，但这种认识会伴随我们的一生。这种“生之烦恼”与基本焦虑一样，也包含了面对强大力量时的无助，但它并不使人对这些力量产生敌意。

然而，从我们文化的角度而言，“正常”则是这样的情况：在我们的文化中，如果一个人没有受到足够的庇护，当他成熟后，生活经验通常会使他更加保守，更加提防他人，同时，会让他更加熟悉这一事实，即人们的行为往往不是直截了当的，而是拐弯抹角、见风使舵。如果他足够诚实，他会把自己也包括在内；如果他不够诚实，他会在别人身上发现这一点。简而言之，他会发展出与基本焦虑非常相似的态度。然而，这些态度也存在差异：健康成熟的人不会对这些人性弱点感到无助，在他身上也不会发现那种神经症态度中强迫性的倾向。他仍然能够与许多人建立真诚的友谊和信任。或许，下面这个事实可以解释两者的差异：健康人所经历的不幸，发生在他能够整合那些悲惨经验的年龄；而神经症患者所经历的不幸，发生在他无法掌握那些经验的年龄，在那个时候，他孤立无援，从而产生了焦虑的反应。

这种基本焦虑，就个体对自己和他人的态度而言，有着特定的含义。它会造成情感上的疏离，如果个体的内心比较软弱，这种疏离会更让人难受。它意味着个人自信的基础开始动摇。它在人们心中播下了潜在冲突的种子，因为一方面他们急切想要依赖别人，而另一方面又因为深深的不信任和敌意而无法依赖别人。它意味着，由于内心的软弱感，个体想把所有责任都推给他人，想要被人保护、被人照顾，但由于内心的基本敌意，他对别人怀有太多的不信任，导致这一愿望根本无法实现。因此，不可避免的结果就是，他不得不花费大量的精力对抗焦虑、寻求安全。

对焦虑的防御

焦虑越是难以忍受，防御手段就必须越彻底。在我们的文化中，人们通常使用四种方法保护自己免受基本焦虑困扰，它们是：获得爱、顺从、拥有权力、回避。

第一，人们想方设法从他人那里获得爱，以有效地对抗焦虑。他们内心的座右铭是：如果你爱我，你就不会伤害我。

第二，人们还会通过顺从来保护自己免受焦虑。根据顺从是否涉及特定的制度或人，可以对其进一步划分。一种顺从是有特定的对象，比如，顺从标准的传统观念，顺从某种宗教仪式，顺从某个权威人物。遵从这些规则，或顺从他人要求，是个人所有行为的决定性动机。这种态度可能会表现为不得不"听话"，尽管听什么话根据他所遵循的要求或规则而有所不同。

顺从也可能采取一种更普遍的形式，这时顺从的态度不依附任何制度或个人。它表现为顺从所有人的愿望或要求，避免所有可能引起怨恨的事。在这种情况下，个体压抑了自己所有的需求，压抑自己对他人的批评，甘愿让自己被虐待，并且随时准备帮助任何人。他偶尔会意识到自己行为背后的焦虑，但大多数时候，他完全意识不到这一点，而且还坚信自己这样做是大公无私，是一种自我牺牲，以至于放弃了个人的愿望。无论是特定的顺从形式，还是普遍的顺从形式，个体内心的座右铭都是：如果我屈服，我就不会受到伤害。

顺从的态度也可以起到借助爱来获得安全感的目的。如果爱对一个人来说非常重要，他在生活中的安全感都依赖于此，那么，他就会愿意为它付出任何代价，当然也会顺从别人的意愿。

然而，更多时候，他无法相信任何一种爱，因此他的顺从不是为了获得爱，而是为了获得安全感。有些人只有借助严格的顺从，才能获得安全感。他们内心的焦虑非常强烈，对爱的怀疑又如此彻底，所以根本就不可能得到爱。

第三种保护自己对抗焦虑的尝试是拥有权力，试图通过获得实际的权力、成就、财富、声望、智力来获得安全感。在这种获得保护的尝试中，他们内心的座右铭是：如果我拥有权力，就没人能伤害我。

第四种对抗焦虑的保护手段是回避。上面所说的三种保护措施有一个共同点，那就是愿意与外界做斗争，以种种方式与之周旋。然而，"退出江湖"同样也可以实现这种保护。当然，这不是说真的要遁入山林、隐居不出，而是说不去依赖他人，即使那个人对自己的内在或外在需要有重要影响。

外在需要方面的独立，可以通过囤积物品来实现。这种占有的动机，完全不同于为了权力或影响力而占有，而且对占有物的使用也不相同。为了实现独立而囤积物品，占有者通常都会很焦虑，实际上无法享用占有的快乐。他们通常都非常吝啬，极少使用物品，因为占有是为了以备不时之需。有时，他们会将个人的需求缩减到最低限度，以达到使自己在外在需要方面独立于他人的目标。

内在需要方面的独立，表现为试图在情感上远离他人，这样他就不会受到伤害，或者让自己感到失望了。它意味着压抑个人的情感需要。这种超然物外的表现之一，就是对任何事情都毫不在乎，包括对自己也是一样。这种态度在知识分子的圈子里很常见。对自己不在乎，并不意味着不重视自己。事实上，个体在这方面是相互矛盾的。

这些回避的方法，与顺从或服从的方法有共同点，它们都包含了对个人愿望的放弃。但在顺从的方法中，放弃个人愿望是为了“听话”，或者顺从他人的愿望，以便能获得安全感；而在回避的方法中，根本没有“听话”的想法，放弃个人愿望是为了独立，为了不依赖他人。此时，个体内心的座右铭是：如果我离群索居，就没什么能伤害我了。

要弄清这些对抗基本焦虑的方法对神经症的形成起到什么作用，我们有必要了解它们的潜在强度。虽然它们的动机不是为了满足快乐，而是为了获得安全感；但是这并不意味着，它们不如本能驱力那么强大或紧迫。经验表明，追求某种野心所产生的影响，可能与性冲动一样强烈，甚至更强烈。

这四种手段无论是单独使用，还是混合使用，都可以给个体带来想要的安全感，只要生活环境允许他这样做而不产生任何冲突——尽管这种片面的追求通常会导致整个人格的萎缩。例如，在要求女性服从家庭或丈夫、顺从各种传统形式的文化中，如果一个女人采取顺从的方式，可能会得到安宁和许多次要的满足。再例如，如果一位国王不懈地攫取权力和财富，他可能会同样拥有安稳和成功的生活。然而，事实上，如果片面地追求某个目标，往往最终会导致失败，因为它的要求非常过分，完全不顾及他人，所以经常与周围环境发生冲突。更常见的是，人们并不是只通过一种方式从巨大的潜在焦虑中寻求安全感，而是通过好几种方式，并且是几种互不相容的方式来达到目的。因此，神经症患者可能同时被几种强迫性的需要所驱动：他既想支配所有人，又希望被所有人爱；既顺从他人，又将个人意志施加于人；既疏远他人，又渴望得到关爱。正是这些无法解决的冲突，构成了神经症最常见的动力核心。

最经常导致冲突的两种尝试，是对爱的追求和对权力的追求。因此，在接下来的几章中，我将详细地讨论这两种尝试。

我所描述的神经症结构，在原则上，与弗洛伊德的理论并不矛盾。弗洛伊德认为，神经症基本上是本能驱力和社会要求(或体现社会要求的"超我")相冲突的结果。然而，尽管我也同意个体愿望和社会要求的冲突是产生神经症的必要条件，但我并不认为它是充分条件。个人愿望和社会要求的冲突，并不必然产生神经症，也可能只是导致生活中的某些实际限制，或是对各种欲望进行直接的压制或压抑；简单地说，就是会导致现实的痛苦。只有当这种冲突导致了焦虑，而缓解焦虑的尝试又导致了各种防御措施——这些防御措施虽然必要，但又互不相容，这个时候，才会产生神经症。

第六章 对爱的神经症需求

如果一个人被基本焦虑所驱使去寻求爱，那么他得到这种爱的机会是非常渺茫的，因为他将爱当作获得安全的手段。

神经症需求的特征

毫无疑问，在我们的文化中，前文阐述的四种保护自己免受焦虑困扰的方法，在许多人的生活中起着决定性作用。有些人的核心追求就是得到认可或爱，为了实现这个愿望不惜任何代价；有些人倾向于顺从、屈服他人，从来不自己做主；有些人拼尽全力希望获得成功、权力或财富；还有些人倾向把自己与人隔绝，不与他人有太多交集。然而，人们可能会有这样的疑问：我宣称这些做法是个体为了保护自己免受基本焦虑的困扰，这种说法站得住脚吗？它们难道不是人类潜能正常范围内的驱力表达吗？将这两种观点对立起来的错误在于，人们采取了非此即彼的态度来看待问题。实际上，这两种观点既不矛盾，也不排斥。对爱的渴望、顺从的倾向、对权力或成功的追求，以及退缩的倾向，能够以不同的组合方式存在于我们任何人身上，而不会形成神经症。

甚至，这些倾向中的或此或彼，可能是某一文化中的主要态度。这个事实再次表明，这些倾向完全可能是人类的正常潜能。正如玛格丽特·米德[①]所言，爱的态度，母爱的关怀，以及顺从他人的愿望，在阿拉佩什(Arapesh)文化中完全正常，并且占据着主导地位。又如鲁丝·本尼迪克特[②]所指出的，以相当残酷的方式追求名誉，这种模式在夸扣特尔人(Kwakiutl)中是被广泛认可的。而在佛教文化中，与世无争则是一种普遍的倾向。

所以，我提出这个观点不是要否认这些驱力的正常特性，而是主张它们可以用来对抗焦虑，使人安心。问题在于，它们一旦被用作保护的手段，就变成了某种完全不同的东西。我可以借用一个比喻来解释这里发生的变化。我们爬树，是因为想要测试自己的体力和技能，或者想要从高处往下看风景；但有时爬树，则是因为一只猛兽在我们身后穷追不舍。尽管在这两种情况下，我们都爬上了树，但爬树的动机却完全不同。就前者而言，爬树是为了玩耍；就后者来说，则是受到恐惧的驱使，是为了寻求安全。在第一种情况下，我们可以爬树，也可不爬，可以自由选择；但在第二种情况下，我们是迫不得已的，必须要爬上去。在第一种情况下，我们可以找一棵自己最喜欢的树；但在第二种情况下，我们没有选择，必须爬上离自己最近的那棵树；而且，它甚至可以是一根旗杆或一座房子，只要它能够保护我们。

这种动机的不同，也会导致感受和行为的不同。如果我们内心有一种直接想要满足的愿望，我们的态度将是自发性的，并且会

---

① 玛格丽特·米德(Margaret Mead)，美国人类学家，美国现代人类学最重要的学者之一，被誉为“人类学之母”。——译者注

② 鲁思·本尼迪克特(Ruth Benedict)，美国人类学家，20世纪初少数女性学者之一，代表作有《文化模式》《菊与刀》等。——译者注

做出选择。但是,如果我们在焦虑的驱使下去实现愿望,我们的感受和行为将是强迫性的,是不加选择的。当然,其中有一些过渡阶段。某些本能的驱力,比如饥饿和性,在很大程度上是由剥夺造成的生理紧张所决定的。一旦这种生理饥渴达到了一定程度,为了获得满足,其方式可能带有强迫性和不择对象的特性。而这两种特性,在正常情况下是受焦虑所决定的驱力的特征。

此外,个体由此获得的满足也不尽相同。一般而言,快乐和安全给人的感觉是不一样的。① 不过,两者的区别乍看起来并不明显。性或饥饿等本能冲动的满足带来的是快乐,但如果这些生理需求遭受长久的压抑,那么个体所获得的满足,就非常类似于从焦虑中获得解脱的感觉。这两种紧张情绪的释放,都会给人一种得到解脱的舒适感。在强度方面,快乐和安全给人的感觉可能一样强烈。比如性的满足,尽管在性质上不同,却可能与一个人突然从巨大的焦虑中解脱的感觉一样。同时,对安全感的需求,不仅可能和本能冲动一样强烈,而且可能会带来同样强烈的满足。

正如上一章所讨论的,我们在追求安全感时,同样也会获得其他次要的满足。例如,除了安全感本身之外,被人爱、被人欣赏、获得权力或成就,也可以给个体带来极大的满足。此外,正如接下来将看到的,获得安全感的各种途径,都可以释放部分受压抑的敌意,因此,个体也获得了另一种紧张的解除。

我们已经清楚,焦虑可能是产生某些驱力的动力源,而且我们也大致讨论了由此产生的几种最重要的驱力。现在,我们将详细讨论在神经症中起着最大作用的两种驱力:一是对爱的渴

---

① 在《关于社会科学研究中精神病学内涵的札记:人际关系研究》一文中,沙利文指出,对满足和安全的追求,体现了一种调节生活的基本准则。载于《美国社会学杂志》,第43卷,1937年。

求，二是对权力和控制的渴求。

神经症患者对爱的渴求

对爱的渴求，在神经症患者身上非常普遍，有经验的观察者很容易就能将其识别出来。因此，我们可以把它当作焦虑存在及其强度的可靠指标之一。事实上，如果我们生活在一个充满威胁和敌意的世界中，并从内心深处感到绝望无助的话，那么，对爱的寻求能帮助我们获得各种仁爱、支持或欣赏，这也似乎是最直接和最合乎逻辑的方式。

如果神经症患者的心理状况，真的如他以为的那样，那么他应该很容易获得爱。若要用语言来描述他心中的感受，大概是这样的：他需要的东西非常少，只希望别人对他友好，给他建议，对他这个可怜的、无害的、孤独的灵魂一些赞赏；他迫切地想让别人快乐，不想伤害任何人的感情。这就是他见到或感受到的一切。患者没有意识到自己的敏感、潜在的敌意和苛刻的要求，对他的人际关系产生了多么严重的干扰。他也无法准确判断自己留给他人的印象，或者别人给他的回应。因此，他百思不得其解：为什么自己的友谊、恋爱、婚姻、工作总是不能称心如意。他倾向于认为一切都是别人的错，他们不体贴、不忠诚、虐待人；或者因为某些不可知的原因，他缺乏受人欢迎的天赋。因此，他总在不断地追逐爱的幻影。

如果读者还记得前面的讨论，即受压抑的敌意如何引发焦虑，焦虑反过来又如何激化敌意——焦虑与敌意如何紧密地交织在一起，那么就不难发现，神经症患者在思维中所做的自我欺骗以及他遭遇失败的原因。患者没有意识到这一点，因此他陷人一个困境:没有能力去爱,却又非常需要别人的爱。于是,我们遇到了一个看似简单其实很难的问题:什么是爱?在我们的文化中,爱究竟有哪些内涵?有时候,我们会听到大众对爱的定义:爱是给予情感和接受情感的能力。尽管这个定义有几分道理,但它过于宽泛,无法澄清我们所遇到的困难。大多数人在某些时刻都可能充满爱心,但这并不意味着我们有爱的能力。因此,首要因素应该是这种情感流露出来的态度:这种爱的表达,是对他人的一种基本肯定,还是害怕失去他人,或是希望去控制他人?换句话说,我们不能把任何表面的爱意都当作真正的爱。

虽然很难说清爱是什么,但我们可以明确指出爱不是什么,或者哪些要素与爱没有干系。我们可能很喜欢一个人,但有时也会生他的气,拒绝他的某些要求,或者想一个人待着。这种受到环境影响的愤怒或退缩的反应,与神经症患者的态度根本是两回事。神经症患者总是提防别人,如果别人对第三个人感兴趣,那么就是对自己的忽视;并且把任何要求都看作强迫,把任何批评都视为羞辱。这不是真正的爱。真正的爱,允许对别人的性格或态度提出建设性批评,以便在适当的时候帮助他纠正。但是,要求他人十全十美,提出令人难以忍受的要求,这并不是爱。许多神经症患者做出这样的要求,其实暗含着一种敌意:“如果你不完美,就见鬼去吧!”

利用他人,仅仅把他人当作达到某些目的的手段;或者说,仅仅因为对方能够满足自己的某些需要,就声称爱他,这也不符合我们对爱的定义。当一个人仅仅为了性而需要对方,或者仅仅为了名誉而和对方结婚时,这一点表现得尤为明显。但在这里,如果这种需要是精神层面的,这个问题就容易变得模糊。一个人可以欺骗自己,认为自己深爱着对方,哪怕他只是出于盲目的崇拜而需要对方。但是,在这种情况下,一旦他开始变得挑剔,就可能会突然抛弃对方,甚至会产生浓厚的敌意。这时,偶像失去了被人崇拜的功能,自然就不会再被爱了。

然而,在讨论爱是什么、爱不是什么时,我们必须谨言慎行,不可矫枉过正。虽然爱不能容忍利用对方来获得某种满足,但这并不意味着,爱必须是完全利他和自我牺牲的。同样,那种不期望对方为自己付出的情感,也不能被称为爱。一个人不希望对方为自己付出,实际上暴露了他不愿付出爱的心理,并不代表他对爱有多么成熟的看法。毫无疑问,我们希望从所爱的人那里得到一些东西——希望得到满足、忠诚、支持;在必要的情况下,甚至希望对方有所牺牲。一般来说,能够表达这样的愿望,甚至为此奋斗,都是心理健康的表现。真正的爱和神经症的爱区别在于:在真正的爱中,爱的情感是首位的;而在神经症的爱中,对安全的需求是首要的,对爱的幻觉则是次要的。当然,两者之间还存在各种不同的过渡状态。

如果一个人为了对抗焦虑,为了获得安全感,而寻求别人的爱,那么在他的意识层面,爱的问题通常会变得模糊不清。因为一般说来,他并不知道自己内心充满焦虑,也不知道自己拼命想抓住任何一种爱,是为了获得安全感。他只知道,他在此刻遇到了一个喜欢或信任的人,或者一个他迷恋的人。但他认为的自发的爱,可能只是因为自己受到恩惠而产生的感激之情,可能只是某个人或某种情境所唤起的希望和温情。那个有意无意使他燃起这种希望的人,自动地被赋予某种重要性,而他对那个人的感觉则表现为爱的幻觉。这种希望可能因为某些简单的事实而唤起,例如,一个位高权重的人对他很友善,一个稳重可靠的人对他很友好。这种希望也可以因为高涨的色欲或性欲而激发,尽管这些欲望可能与爱并不相干。这种希望还可能以现有的关系为基础而发展，这种关系中暗含着帮助或支持，比如与家人、朋友、医生的关系。这种关系大多打着爱的幌子，换言之，人们主观上认为这是一种依恋之情，但实际上它不过是为了满足自己的需要而紧紧抓住对方。这并不是一种真正可靠的情感；只要有任何愿望没有被满足，这种关系随时都可能会破裂。我们所认为的爱情的基本因素——情感的可靠性和稳定性，在这种情况下根本就不存在。

我曾暗示过缺乏爱的能力的人有何本质特征，但在这里还是想再次强调：这类人会严重忽视别人的人格、个性、限制、需要、愿望和发展。这种忽视，在某种程度是焦虑的结果，焦虑促使神经症患者紧紧抓住他人不放。这就恰如一个溺水的人，一旦抓住一个游泳者就会死不放手，通常不考虑对方是否愿意带他上岸，或者有无能力这样做。这种忽视，在一定程度上也是对他人的基本敌意的表现，其中最常见的敌意就是轻视和嫉妒。它可能被患者竭力表达的关心体贴，甚至是愿为对方牺牲的态度所掩盖，但这些做法通常不能阻止异常反应的出现。例如，一位妻子在主观上相信自己深爱着丈夫，但当丈夫专注于自己的工作、兴趣，或是跟朋友在一起时，她就会心生怨恨或者闷闷不乐。一位过于保护孩子的母亲可能会深信，她做的一切都是为了孩子的幸福，但她却从根本上忽视孩子独立自主的需要。

把对爱的追求作为防御手段的神经症患者，几乎从未意识到自己缺乏爱的能力。这些人会把自己对他人的需要误认为是爱的情愫，不管是对个人还是对整个人类，都是如此。他们有迫切的理由去坚持和捍卫这种错觉。因为放弃这一错觉，就意味着要面对这一困境：一方面，他对别人有基本的敌意；另一方面，他又想要得到别人的爱。我们不可能既鄙视一个人、怀疑一个人，想要破坏他的幸福或独立，同时又渴望得到他的关爱、帮助和支持。为了实现这两个互不相容的目的，我们必须把内心的敌意倾向从意识中驱除。换句话说，这种爱的幻觉，虽然把真正的爱和需要混作一谈，但它确实使一个人能够安心去追求爱。

神经症患者在满足自己对爱的饥渴时，还会遇到另一个基本的困境。他可能成功地得到自己想要的爱，哪怕只是暂时的，但他并不能真正接受或享受这种爱。我们可能认为，他会欢迎任何给予他的爱，就像口渴的人见到水会一饮而尽一样。事实上，这种情形确实会发生，但他只会得到一时的满足。每一位医生都知道，体贴和关爱会带来什么效果，即使没有任何治疗，只是对患者做细致的医学检查和护理，患者所有生理的和心理的困扰也可能突然消失。勃朗宁夫人①这个著名的案例就很好地说明了这种情况。即使在性格神经症患者身上，这种关心——不管是爱、兴趣，还是医疗护理——也可能足以缓解焦虑，并因此改善患者的状况。

任何一种爱，都可能给神经症患者带来表面的安全感，甚至是幸福感。然而，在其内心深处，患者并不相信这种爱，或者充满了怀疑和恐惧。之所以不相信这种爱，是因为他坚信没有人会真的爱他。这种不被人爱的感觉，通常是一种有意识的信念，不会因任何相反的事实而改变。确实，它可能被认为是理所当然的，以至于人们从未做过有意识的思考；但即使它难以言状、模糊不清，它仍然是一个不可动摇的信念，就像它一直被意识到一样。同时，这种信念也可能被“无所谓”的态度所掩盖，患者经

① 勃朗宁夫人（Elizabeth Barrett Browning），英国著名女诗人。年少时骑马跌损脊椎，卧床不起。后来结识了诗人罗伯特·勃朗宁，身体逐渐恢复。——译者注

常表现出玩世不恭、自高自大，因此它就更难让人发现了。这种确信自己不被人爱的信念，与缺乏爱的能力是相对应的；事实上，前者是对后者在意识层面的反映。一个能够真正爱别人的人，绝不会怀疑别人是否爱自己。

如果患者的焦虑根深蒂固，那么任何关爱都会遭到猜疑，他会立刻认为这种爱别有用心。例如，在心理分析中，神经症患者会认为，分析师之所以想帮助他们，仅仅是出于他们自己的野心；或者分析师鼓励他或欣赏他，也仅仅是出于治疗的目的。我有一个患者情绪极不稳定，在那段时间里，我曾主动提出周末为她治疗，但她将此当作一种羞辱。公开表达的爱意，也很容易被视为一种捉弄。如果一个有魅力的女孩向神经症患者公开示爱，那么后者很可能将其看作恶作剧，甚至是故意挑衅，因为他难以想象，这个女孩会真的爱他。

对神经症患者示爱，不仅可能引起怀疑，还可能唤起实际的焦虑。因为屈服于这样一种爱，就好像落入了一张巨大的蜘蛛网，不得脱身；或者相信了这样一种爱，就意味着只身生活在食人族中，只能等着被吃。当一个神经症患者意识到有人真心喜欢他，就有可能产生这样巨大的恐惧。

最后，这种爱还可能会引起患者对于依赖的恐惧。正如我们将要看到的，对于一个自认为没有他人的爱就无法生存的人来说，情感上的依赖非常危险。因此，任何与它稍微相似的事物，都会使人不顾一切地反抗。他必定竭尽全力避免任何积极的情绪反应，因为这种反应会使他陷入对别人的依赖。为了避免这种危险，他必须欺骗自己，不让自己意识到别人的热心友善。他会想方设法毁掉所有爱的证据，同时在自己的感受里，坚持认为别人冷漠无情，甚至带有恶意。这种情况就像一个人快饿死了,却不敢吃东西,因为他担心食物有毒。

简而言之,如果一个人被基本焦虑所驱使去寻求爱,那么他得到这种爱的机会是非常渺茫的,因为他将爱当作获得安全的手段。说起来很诡异,正是产生这种需求的情境,干扰了这种需求的满足。

第七章 再论对爱的神经症需求

追求无条件的爱，其中暗含着对别人的冷酷和漠视，清晰地呈现了隐藏在患者对爱的神经症需求背后的敌意。

大多数人都希望被人接纳，享受被人喜欢的感觉；如果不被别人认可，就可能会产生怨恨。正如前文所述，这种被人需要的感觉，对儿童的均衡发展来说是至关重要的。然而，究竟是哪些特征，使人们对爱的需求成了一种神经症(病态的)需求呢?

在我看来，武断地把这种需求称为幼稚的需求，不仅冤枉了儿童，而且还忽略下面的事实，即构成对爱的神经症需求的基本因素，与幼稚本身没有任何关系。幼稚的需求和神经症需求只有一个共同点，即无助感；但在这两种需求中，无助感的基础也不尽相同。此外，神经症需求是在完全不同的前提条件下形成的。再次强调，这些条件是：焦虑、感觉不被人爱、不能相信任何爱，以及对所有人的敌意。

对爱的神经症需求，主要有两大特征：一是神经症患者对爱的追求是强迫性的、不由自主的；二是神经症患者对爱的追求是贪得无厌、永不知足的。

第一个特征:不由自主

在对爱的神经症需求中,给我们留下深刻印象的第一个特征,即这种需求是不由自主的(compulsiveness)。一个人若被强烈的焦虑所驱使,他必然会丧失自发性和灵活性。简而言之,这意味着对神经症患者来说,爱不是奢侈的享受,也不是额外的力量或快乐的源泉,而是维持生命的必需品。这两者的区别在于,前者是"我希望被人爱,我享受被爱的感觉",后者则是"我必须被人爱,无论付出任何代价"。我们也可以这样来描述两者的区别:一个人吃东西,是因为他胃口很好,选择他的食物,享受他的食物;而另一个人吃东西,是因为他快饿死了,于是饥不择食,并且可能不择手段。

后者的态度必然会导致他高估被人喜爱的实际意义。事实上,并没有必要让所有人都喜欢自己。重要的是,让其中某些人喜欢我们;这些人是我们心之所系的,是我们必须与之一起生活的,是我们希望对其留下好印象的。除了这些人之外,我们是否受其他人喜欢,实际上并不重要。[①] 然而,神经症患者表现出的感受和行为,就好像他的存在、安全和幸福,完全取决于自己是否受欢迎。

这类人的欲望可以不加选择地依附于每个人,从理发师、聚会上认识的陌生人到身边的同事和朋友,再到茫茫人海中的你我他。因此,来自对方的一声问候、一个电话或一次邀请,以及他们的态度是热情还是冷淡,都可能会改变这类人的心情以及

① 这种说法在美国也许会遭到反对,因为在美国,受人喜爱已经成为大众奋不顾身的目标之一。因此在美国,被他人喜欢,具有在其他国家中不具有的意义。

对人生的看法。在这里,我们必须注意一个问题:这类人缺乏独处的能力,轻者独处时坐立不安,重者则对孤独感到恐惧。我指的不是那些本来就无聊的人——他们只要独处就会觉得索然寡味;相反,这类人聪明能干、精力充沛,按道理可以独自享受许多事情。例如,我们经常会看到一些人,只有与别人在一起时,他们才能够安心工作;如果必须独自工作,就会感到不安和不快乐。这种对同伴的需要,也许还受其他因素影响,但总的来说,它体现了一种隐约的焦虑,一种对爱的需求,更确切地说,是对人际关系的渴望。这类人会有一种被世界遗弃的感觉,对他们来说,任何人际交往都是一种慰藉。有时,我们可以观察到,这种无法独处的状态会随着焦虑的加剧而愈演愈烈。有些患者,只要感觉处在自己设置的保护壳内,他们就能够独处。但如果他们的保护机制被心理分析瓦解了,焦虑就会重新出现,他们就再也不能忍受独处了。这种暂时的、过渡性的损伤,在分析过程中是无法避免的。

这种对爱的神经症需求,也可能集中在某个具体的人身上,比如丈夫、妻子、医生、朋友。在这种情况下,对方的忠诚、关爱、友谊和陪伴就会变得无比重要。然而,这种重要性却是自相矛盾的。一方面,患者会寻求对方的关注和陪伴,害怕被人讨厌,一旦对方不在身边,自己就感觉被忽视了;另一方面,当他与自己渴望接触的人在一起时,却丝毫感觉不到快乐。如果他意识到这一矛盾,通常会感到迷惑不解。但是,正如前文所提到的,这种希望他人陪伴的愿望,显然不是一种真正的爱,而仅仅是需要有人在他身边,让他感到安全。(当然,真正的爱和对爱的需要可能同时存在,但它们并非完全一致。)

对爱的神经症需求也可能局限于某些群体,比如有着共同利益的政治团体或宗教团体；或者，它可能局限于某种性别。如果对安全感的需要仅限于异性，这种情况看起来似乎是“正常的”，而患者也可能会这样认为。例如，有些女人如果没有男人陪伴，她们就会感到焦虑和悲伤；她们会开始一段新的恋情，但过不了多久就会分手，然后又开始感到焦虑和悲伤，于是又开始另一段恋情，屡战屡败，屡败屡战。但这并不是真正渴望恋爱关系，因为这些关系充满了冲突，根本不会令人满意。相反，这些女人不加选择地吸引任何男人；她们只需要有男人在身边，并不真正喜欢他们。甚至，她们连生理上的满足也没有得到。当然，现实中的情形会更加复杂；在这里，我只是强调焦虑和对爱的需求在其中扮演的角色。[①]

在某些男人身上，我们也可以发现相似的模式。他们会想要被所有的女人喜欢；当与其他男人在一起时，他们就会感到不自在。

如果这种对爱的需求集中在同性身上，那么它很可能是隐性或显性的同性恋的决定因素之一。如果接触异性的过程因太多的焦虑而受阻，那么对爱的需求就有可能指向同性。当然，这种焦虑不一定会表现出来，它有可能被对异性的厌恶或冷淡所掩盖。

神经症患者不惜一切代价去获得爱，因为这对他们来说至关重要，但大多数时候他并没有意识到自己的行为。他所付出的最常见的代价，就是态度上的顺从和情感上的依赖。这种顺从可能表现为不敢反抗或批评他人，只会表现出奉献、赞赏和温

① 卡伦·霍尼：《对爱的高估：现代女性类型研究》(*The Overvaluation of Love, A Study of a Common Present-Day Feminine Type*)，载于《精神病学季刊》，1934 年第 3 卷，第 605—638 页。

顺。如果这类人发表了批评或贬损的言论，即使没有产生坏的影响，他也会感到焦虑不安。这种顺从的态度可能会使患者走向极端，不仅压抑所有的攻击冲动，还会消除一切自我肯定的倾向。他会任由自己受到别人的欺凌，愿意做出任何牺牲，不管自己受到多大伤害。例如，如果他所爱的人是从事糖尿病研究的，他的自我牺牲可能表现为希望患上糖尿病，因为这意味着他可以借此得到对方的关注。

情感上的依赖与这种顺从态度非常相似，两者密不可分地交织在一起。这种依赖源于神经症患者想要紧紧依附于某个承诺保护他的人。这种依赖，不仅会导致无休止的痛苦，甚至还可能毁掉一个人。例如，在某些人际关系中，一个人会无助地依赖另一个人，即使他完全明白这种关系并不可靠。如果对方对他不够友好，或者没有对他微笑，他就会觉得整个世界都崩塌了。苦苦等待一个电话的过程，可能会让他产生严重的焦虑。如果别人没有来看望他，他就会患得患失，痛苦不堪。尽管如此，他还是无法摆脱这种关系。

通常，这种情感上的依赖结构更为复杂。如果一个人完全依赖另一个人，那么这段关系会充满怨恨。依赖者会怨恨自己受制于人，他讨厌必须顺从别人，但因为害怕失去对方，只能继续忍气吞声。因为他意识不到是自己的焦虑造成了这种局面，所以他很容易认为，这种受制于人的状态是别人强加给他的。而他又迫切需要得到别人的爱，因此他必须压抑由此产生的怨恨；反过来，这种压抑又会引发新的焦虑，然后又需要更多的安全感，最终强化了他对别人的依赖。因此，在神经症患者身上，情感依赖会导致一种现实的甚至是合理的恐惧，他害怕自己的生活会毁于一旦。当这种恐惧非常强烈之时，可能会物极必反，患者会选择不依附于任何人来保护自己，以对抗这种情感依赖。

有时候，一个人对依赖的态度确实会发生改变。如果依赖曾给他带来若干次痛苦的体验，那么，他可能会盲目地反抗任何与这种依赖相似的事物。例如，一个女孩经历了很多次恋爱，每次都因她迫切想要依赖于某个男人而告终；到最后，她会对所有男人都抱着冷淡的态度，只想把他们玩弄于股掌之中，而不付出任何感情。

这些过程在患者对分析师的态度中也很明显。患者本该利用分析时间来了解自己，获得自身的利益，但他经常会忽略自己，并试图取悦分析师，赢得他们的关注或赞赏。即使患者在分析中感受到痛苦，或者时间已经到了——这些都是尽快结束治疗的充分理由，但患者可能对此无动于衷。他会花几个小时讲述冗长的故事，只是为了获得分析师的一个赞许；或者他会设法让分析师对每一次治疗都感到很有趣，取悦分析师，崇拜分析师。这种情形可能会走向极端，以至于患者在联想甚至梦境中都想要引起分析师的兴趣。或者，他可能会爱上分析师，认为唯一重要的就是分析师的爱，并试图用真情来打动分析师。在这里，不加选择的倾向也很明显，似乎分析师都是人类价值的楷模，完全符合患者的个人期望。当然，分析师有可能就是患者怎么都会爱上的那个人，但即使如此，也不能说明分析师对病人感情的重要性。

这就是人们通常所说的“移情”(transference)现象。然而，这个词用在这里并不完全准确，因为移情包括了患者对分析师所有的非理性反应，而不仅仅指情感上的依赖。在此，我们很容易理解为什么分析过程中会发生这种依赖，因为需要这种保护的人会紧紧依附于任何医生、社会工作者、朋友或家人；然而，我们需要深究的是，为什么这种依赖会如此普遍、如此强烈。答案其实很简单：与其他方法相比，分析还意味着打破患者的防御机制，并因此引发掩藏在保护墙之后的焦虑。正是这种焦虑的增强，导致患者以各种方式紧紧依附于分析师。

于是，我们再次发现了神经症患者对爱的需求与儿童对爱的需求的不同之处：儿童比成人需要更多的爱或帮助，是因为他们本身弱小无助，但在他们的态度中并没有任何强迫性因素。只有那些本来就焦虑不安的儿童，才会寸步不离地依赖于母亲。

第二个特征：永不知足

对爱的神经症需求的第二个特征是永不知足(insatiability)，这也完全不同于儿童对爱的需求。如果一个儿童纠缠不休，要求获得过多的关注，并无休止地证明自己是被爱的，那么，他可能就是一个患有神经症的儿童。在温馨舒适的环境中长大的健康儿童，会确信自己是被爱的，不需要对这一事实进行不断地证明。而且，他只要得到所需要的帮助，就会感到很满足。

神经症患者的永不知足，可能表现为一种贪婪的性格特征，体现在吃喝玩乐等各个方面，并且表现出缺乏耐心。大多数时候，这种贪婪可能被压抑着，但它也可能随时爆发，例如一个平时很少买衣服的人，在焦虑的驱使下，会一口气买好几件新外套。总之，它有时表现得像海绵吸水一样温柔，有时表现得像章鱼掠食一般凶残。

这种贪婪的态度，以及它所有的变化形式和伴随的抑制，通常被称为“口欲期”态度[①]。关于“口欲期”的态度，在精神分析文献中已有详细描述。这个术语背后的理论假设很有价值，因为过去一直孤立的各种倾向，在这个理论下形成了一个症候群；但如果认为所有这些倾向都源于口欲期的感觉和欲望，那么这是值得怀疑的。确实，根据可靠的观察，贪婪经常表现在对食物的需求和进食方式上；这种倾向还会表现在梦中，以更原始的方式表现出来，比如食人梦。然而，这些现象并不能证明，我们所说的贪婪与口唇欲望就是同质同源的。因此，一种可靠的假设应该是：一般而言，不管这种贪婪的源头是什么，进食只不过是满足贪婪的最直接的方式；就像在梦中，进食是那些未满足的欲望最原始和最具体的象征。

同样，这种“口欲期”态度是否具有力比多的性质，也还有待证明。毫无疑问，贪婪的态度可能出现在性方面，表现为性方面的不满足，以及在梦中将性交转化为吞咽或咀嚼。但是，贪婪也可以表现为对财物的占有，对权力和名誉的追求。唯一能够支持这种力比多假设的说法，就是贪婪的强烈程度和性驱力的强烈程度不相上下。然而，除非所有强烈的驱力都具有力比多性质，否则，我们还得证明贪婪本身是一种性欲的——前生殖器的——驱力。

贪婪的问题相当复杂，至今尚无定论。很明显，贪婪与强迫行为一样，也是由焦虑引发的。很多例子都表明，贪婪受到焦虑的影响。比如，过度自慰或暴饮暴食。贪婪与焦虑之间的关系，也可以通过下面的事实得到证明：只要一个人获得了某种形式的安全感，比如感受到爱、获得成功、从事有价值的工作，贪婪就

① 卡尔·亚伯拉罕(Karl Abraham)：《力比多的发展史》(*Entwicklungsgeschichte der Libido*)，载于《医疗精神分析新工作》，1934年第2卷。

会减弱甚至消失。例如，一种被爱的感觉可能会打消强迫性购物的欲望。再比如，一个总是想着各种美食的女孩，一旦开始设计服装，就会废寝忘食，因为她在自己喜欢的职业中获得了满足感。另一方面，一旦敌意或焦虑增强了，贪婪就会出现或增强。例如，一个人可能会在登台表演之前，不由自主地想去购物；或者在遭到拒绝之后，跑去大吃大喝一顿。

然而，并不是所有焦虑的人，都会变得贪婪。由此可知，其中仍然有一些特殊因素在发挥作用。在这些因素中，可以肯定的是，贪婪的人不相信自己能够创造任何东西，因此必须依靠外在世界来满足自己的需要，但同时他又认为没人愿意帮助自己。那些在爱的需求方面贪得无厌的神经症患者，通常在物质方面也表现出同样的贪婪，例如，占用别人的时间或金钱，想要获得建议、帮助、礼物、信息、性的满足，等等。在某些情况下，这些欲望明确地揭示了人们想要证明自己是被爱的；然而，在其他情况下，这种解释并不令人信服。在其他情况下，人们会有这样一种印象，即神经症患者只不过想要得到某些东西，这些东西可能是爱，也可能不是爱。即使神经症患者真的是渴望得到爱，也不过是希望通过爱的伪装，去获取某些物质的好处或利益。

这些观察产生了一个问题：对物质的贪婪是否是普遍存在的现象，而对爱的需求是否是满足这一目标的唯一途径？这个问题没有标准答案。我们将在后面看到，对财富的追求，也是对抗焦虑的基本防御手段之一。但经验也表明，在某些例子中，对爱的需求，尽管是普遍的保护机制，但有可能被深深压抑，以至于表面上难以发现；于是，对物质的贪婪就会暂时或持续地取而代之。

根据爱在其中所起的作用，我们可以大致区分出三种神经症类型。在第一种类型中，毫无疑问，患者渴求的就是爱，不管是哪种形式的爱，也不管以哪种方式获得这种爱。

在第二种类型中，神经症患者也寻求爱，但如果他在一段关系中没有获得爱——通常注定会失败——他并不会立即另寻“新欢”，而是离群索居，避开所有人。他不再试图依附于某个人，转而强迫性地依附于某些活动，比如吃喝、购物、读书，总之就是追逐一些东西。这一改变有时显得十分奇怪，比如有些人失恋之后，开始强迫性进食，结果他们的体重在短时间内剧增；如果他们有了新的恋情，体重就会降下来；但如果这段恋情又重蹈覆辙，他们的体重又会再次增加。有时候，同样的行为也会发生在患者身上。他们对分析师产生失望之后，开始强迫性进食，体重迅速增加，几乎让人难以辨认；但当双方关系理顺之后，他们的体重又会降下来。这种对食物的贪婪也可能受到压抑，然后表现为食欲不振或功能性的肠胃不适。在这种类型的患者中，他们的人际关系比第一种类型的患者更加糟糕。虽然他们仍想要获得爱，仍敢于追求爱，但是任何挫折或失望，都可能破坏他与别人之间的关系。

在第三种类型中，神经症患者在早年遭受过严重的挫折，以至于在意识中，他对任何关爱都表示怀疑。他的焦虑是如此之深，以至于不受到任何伤害，就感到心满意足了。他可能会对爱表现出玩世不恭的态度，只顾满足自己实际的需要，比如物质上的资助、切实可行的建议、性方面的满足，等等。只有等他消除了大部分的焦虑后，才有可能去追求爱、享受爱。

这三种类型的神经症患者对爱的不同态度，可以分别总结为：对爱永不知足或贪得无厌；对爱的需求与普遍的贪婪交替出现；对爱没有明显的需求，而只有普遍的贪婪。每一种类型都显示了焦虑和敌意的增加。

现在言归正传，回到我们讨论的主题上来。对爱的需求永不知足，还有两种特殊的表现形式：一是病态的嫉妒，二是追求无条件的爱。

神经症嫉妒与正常嫉妒不同，后者是对有可能失去某种爱的恰当反应，而神经症嫉妒的反应与这种风险完全不成比例。它表现为总是担心失去对某人的占有，或者担心失去某人的爱。因此，只要对方对其他人或事物感兴趣，患者就会觉察到潜在的危险。这种嫉妒可能出现在每一种人际关系中，比如：父母会嫉妒孩子交友或结婚，孩子会嫉妒父母之间的感情；这种嫉妒也会出现在夫妻之间，甚至任何一段恋爱关系中。患者与分析师的关系中同样也会出现这种嫉妒。一旦分析师接待了另一个人，甚至只是提到另一个人，患者就会表现出强烈的嫉妒。他的座右铭是："你只能爱我一个人。"他可能会说："我知道你对我很好，但你对别人也同样好；因此，你对我的好根本就不算什么。"对神经症患者而言，任何必须与他人分享的爱，都会因此变得一文不值。

这种病态的嫉妒，通常被认为源于童年期对手足或父母某一方的嫉妒。当手足之争发生在健康的孩子之间时，例如对新生儿的嫉妒，只要大孩子确信不会因为新生儿而失去本该属于他的爱和关注，这种嫉妒就不会留下任何伤疤。根据我的经验，如果童年期出现过分的嫉妒并且从来没有被克服，原因在于孩子和成人一样遭遇了神经症的环境，这一点我们在上文已做描述。在这个孩子身上，早已存在一种由基本焦虑引起的对爱永不知足的需求。在精神分析文献中，对童年期嫉妒反应和成人嫉妒反应之间关系的表达通常含糊不清，成人的嫉妒常被称为童年期嫉妒的“重复”。这意味着,如果一位成年妇女嫉妒她的丈夫,那是因为她曾经嫉妒过她的母亲,这种说法是没有根据的。在孩子与父母或兄弟姐妹的关系中出现的强烈嫉妒,并不是导致后来成人关系中出现嫉妒的根本原因,而是这两种嫉妒都来自于同一根源。

对爱的永不知足还有一种表现比嫉妒更强烈,那就是追求无条件的爱。在意识层面,这种需求的常见形式是:“我希望你因为我是谁而爱我,而不是因为我做了什么而爱我。”我们可能认为这种愿望很合理,没什么不对的地方。确实,我们每个人都希望,别人仅仅因为我们本身而爱我们。然而,神经症患者对无条件之爱的需求,比正常人的愿望要复杂得多;而且在某些极端的情况下,这种需求是不可能得到满足的。这种对爱的需求,确切地说,是对毫无条件、毫无保留的爱的需求。它具有以下四个特征:

第一,这种需求期望别人爱他而不计较任何挑衅的行为。对安全感而言,这一期望是必要的,因为神经症患者隐约地知道,他的内心充满了敌意和过分的要求。因此,我们不难理解他会产生恐惧——担心如果这种敌意昭然若揭,对方就会收回对他的爱或者变得愤怒、怨恨。这类患者会认为,爱一个可爱之人很容易,没有任何意义;只有能忍受任何挑衅的行为,那才是真正的爱。任何批评都会被认为是对方不再爱他了。在分析的过程中,即使出于治疗的目的,一旦分析师暗示他应该改变人格中的某些方面,患者就有可能产生怨恨;因为在他看来,任何这种暗示都是在驳回他对爱的需求。

第二,这种需求期望别人爱他而不需要任何回报。神经症患者的这种期望也是必要的,因为他深知自己无力感受任何温暖，或者付出任何爱，而且他也不愿意这样做。

第三，这种需求期望别人爱他而不给自己谋求任何好处。这种期望同样是必要的，因为如果对方从这段关系中获得任何利益或满足，都会使神经症患者心生怀疑，认为别人喜欢他，只是为了得到某种好处。在性关系中，这一类人总是嫉妒对方获得的满足，因为他们觉得自己之所以被爱，仅仅是因为对方想要这种满足。在心理分析中，这些患者也会嫉妒分析师从治疗过程中获得的满足。他们要么贬低分析师所提供的帮助；要么尽管承认自己得到帮助，却不会表达感激。他们可能将改善归因于其他来源，比如服用的药物或朋友的话语。当然，他们还会吝啬必须支付的费用。虽然在理智上，他们承认这些费用是对分析师的时间、精力和知识的回报，但在情感上，他们却认为收费表明分析师对他们并不是真正感兴趣。这一类人有时对送礼物感到很尴尬，因为送礼物让他们怀疑自己是否真正被爱。

第四，这种需求期望别人爱他并且为他做出牺牲。只有当对方为自己做出牺牲时，神经症患者才能确定自己被爱。这些牺牲可能涉及时间或金钱，但也可能涉及内心信念和个人的正直。例如，这种需求包括期望无论什么时候，对方都要跟自己站在一起，哪怕这会带来一场灾难。有些母亲认为，从子女那里获得各种奉献和牺牲，是理所当然的，因为她们经历分娩之痛给了他们生命。有些母亲则压抑了获得无条件之爱的愿望，她们能够为子女提供大量的帮助和支持。但这样的母亲无法从她与子女的关系中获得满足，因为就像前面提到的例子一样，她会觉得孩子之所以爱她，仅仅是因为他们从她那里得到了大量的爱；因此，在内心深处，她会吝惜自己所给予的一切。

这种对无条件的爱的追求，其中暗含着对别人的冷酷和漠视，清晰地呈现了隐藏在患者对爱的神经症需求背后的敌意。

与典型的吸血鬼式有所不同，吸血鬼式的人在意识层面决定吸尽别人的一切，而神经症患者通常完全意识不到自己有多苛刻。他必须让自己对自己的需求一无所知，出于战术上的原因，他无法坦率直白地说："我要你为我做出牺牲，而且不要指望从我这里获得回报。"他不得不把自己的需求建立在合理的基础上，比如他生病了，因此需要别人来照顾他。患者不承认这些需求的另一个原因在于：一旦产生了这些需求，就很难将其放弃；而认识到它们是不合理的，正是放弃的第一步。除了前面提到的基础外，这些需求的根源还在于神经症患者深信，他无法依靠自己来生活，无法自力更生，他所需要的一切都必须依靠别人，他生活的一切责任都在于他人，而不是他自己。因此，要他放弃对无条件之爱的需求，就意味着改变他全部的生活态度。

以上对爱的神经症需求的种种特征表明，神经症患者内心冲突的矛盾阻碍了他获得自己所渴求的爱。那么，如果他对爱的需求只能被部分满足，或者完全不能满足，他又会做出哪些反应呢？我们将在后文揭晓答案。

第八章　对拒绝的敏感和获得爱的方式

对受冷落的恐惧成了获得爱的巨大障碍，它使一个人压抑自己的念头，不让别人知道他想要得到关注。

对拒绝的敏感

神经症患者一方面迫切地需要爱，另一方面却又难以接受爱。人们可能由此认为，或许这些人在温和、平平淡淡的情绪氛围中，能得到最大的满足。然而，另一个复杂的情况出现了：他们对任何拒绝或冷落都异常敏感，并且感到十分痛苦，不管这种拒绝或冷落多么轻微。这种平平淡淡的气氛，虽然可以让人感到安全，但同时也让人感到受冷落。

神经症患者对拒绝的敏感甚至很难通过文字来表达。改变约定、不得不等待、没有立刻得到回复、观点被反驳、遭到挫折，总之，只要他们的心愿没有被满足，就会被视为自己遭到了冷落。而且，这种冷落不仅会把他们拉回基本焦虑中，还会让他们感觉受到了侮辱。后面我会解释为什么患者会视其为侮辱。冷落中确有侮辱的成分，因此会激起极大的愤怒，而且这种愤怒可能会爆发出来；例如，一个女孩抚摸她的猫，但猫没有任何回应，她可能会愤怒地把猫扔到墙上。如果让这类患者等待一会，他们会觉得对方根本不重视自己，所以把他们晾在一边；这种解释会导致强烈的敌意，甚至导致他们收回所有情感，变得冷酷、麻木，即使几分钟前他们还满心期待这次约会。

更多时候，感受到冷落与愤怒之间的联系是无意识的。轻微的冷落，可能会逃过意识的觉察，因此这种情况很容易发生。于是，一个人可能会感到愤怒、怨恨、疲惫，甚至头痛，却不知道原因。而且，有的人不仅在遭到拒绝时，会产生这种敌意反应；甚至在他预期会遭到拒绝时，也会产生敌意反应。例如，一个人可能会怒气冲冲地提出问题，这是因为他在头脑里预期自己会遭到反驳。一个男人可能故意不送花给女朋友，因为他预期女朋友会认为他别有用心。同样，他可能会害怕表达任何积极情感，比如喜爱、感激、欣赏。因此，在自己和别人面前，他都表现得比真实的自己更为冷漠、无情；甚至，他还会因为预期遭到拒绝而主动嘲弄女性、报复女性。

这种对遭到拒绝的恐惧，如果任其愈演愈烈，可能会让一个人回避所有可能被拒绝的环境。这种逃避的范围非常广泛，小到抽烟时不好意思借火，大到不敢出门找工作。那些害怕遭到拒绝的人，如果没有十足的把握，绝不会向自己喜欢的人示爱。这种男人通常讨厌邀请女性跳舞，因为他们担心即使女性接受邀请，也可能仅仅是出于礼貌。而且，他们认为女性在这方面要幸运多了，因为她们不必采取主动。

换言之，对受冷落的恐惧可能导致一系列的抑制，这些抑制让人们表现出害羞。害羞是一种防御机制，可以让自己避免出现在有可能受冷落的环境中。同样，认为自己不可爱也是一种防御机制。就好像这类人会自言自语地说："反正别人也不喜欢我，我还是待在某个角落吧，免得被别人拒绝。”因此，对受冷落的恐惧成了获得爱的巨大障碍，它使一个人压抑自己的念头，不让别人知道他想要得到关注。而且，受冷落的感觉会激起敌意，而敌意会让个体产生焦虑，或使原有的焦虑加剧。它是造成“恶性循环”的重要因素，使人无法逃脱。

对爱的神经症需求有各种内涵，它们形成的恶性循环大致如下：焦虑→对爱的过分需求（包括对排他的无条件的爱的需求）→如果需求得不到满足，就会感到受冷落→以强烈的敌意来回应这种冷落感→由于害怕失去爱，不得不将这种敌意压抑下去→压抑导致愤怒泛化，形成一种紧张状态→焦虑加剧→对安全感的需求增加……如此一来，这种缓解焦虑的手段，反过来又会导致新的敌意和新的焦虑。

这种恶性循环的过程，不只是针对我们刚刚讨论的领域；一般来说，它也是神经症中最重要的过程之一。任何保护性措施，除了给人带来安全感外，都可能会引发新的焦虑。例如，一个人可能会借酒消愁，但他又担心喝酒伤身；他可能会借助手淫消除烦恼，但又害怕手淫让他身体虚弱；他可能会因为焦虑而接受治疗，但很快又会担心这种治疗会伤害到他。这种恶性循环的过程，是严重的神经症病情恶化的主要原因，即使外界条件没有任何变化。心理分析的主要任务之一就是揭示这一恶性循环及其影响。神经症患者自己无法把握住这一点，他只能注意到它们导致的结果，感觉自己陷入了绝望的境地。这种无能为力的感觉，正是他对无法突破的困境的反应。任何看似可以让他冲破困境的路径，都只会让他步入新的困局。

获得爱的四种方式

人们可能会问，尽管内心困难重重，但对神经症患者来说，是否存在某些方式让他能够得到想要的爱呢？实际上，这里有两个问题需要解决：第一，如何得到这种非要不可的爱；第二，如何使这种对爱的需求看起来合情合理。我们粗略地把患者获得爱的几种方式分类如下：贿赂、乞求怜悯、追求公平、威胁。当然，这种分类，就像所有心理因素的分门别类一样，并不是严格意义上的，而只是一种大致的趋势。这些不同的方式并不互相排斥。根据具体情境和个人性格，以及敌意的程度，人们可以同时或交替使用这些方式。事实上，以上列举的四种获得爱的方式，是依据敌意程度的逐渐增加来排列的。

第一种获得爱的方式是贿赂。神经症患者以此来获得爱时，其座右铭是："我深深地爱着你，作为回报，你也应该爱我，甚至为了我不顾一切。"在我们的文化中，相比男性，女性更多地使用这种策略，这是由女性所处的生活环境造成的。几个世纪以来，女性不仅将爱视为生命中的特殊元素，她们甚至将爱当成获得幸福的唯一或主要途径。男人在成长过程中会逐渐相信，如果想要出人头地，就必须做出成就；而女人的信念是，通过爱且只有通过爱，才能获得幸福、安全和名誉。这种文化上的差异，对男女的心理发展产生了重大影响。我不打算在这里讨论这种影响，但这种影响的结果之一是，在神经症患者中，女性比男性更频繁地把爱作为一种策略。同时，因为抱持这种关于爱的信念，她们的需求就变得合情合理了。

这一类人在恋爱时，尤其容易依赖对方，陷入痛苦。例如，一个女人对爱有着神经症需求,紧紧依附于某一类型的男人。然而,她只要前进一步,这个男人就会退后一步。于是,这个女人对这种拒绝产生了强烈的敌意,但由于害怕失去这个男人,她不得不将这种敌意压抑下去。但如果这个女人试图后退一步,那个男人又会再度追求和讨好她。这样一来,她不仅要压抑自己的敌意,还要用热烈的爱意来掩盖它。结果,她会再次遭到拒绝,再次做出同样的反应,最终这种爱愈演愈烈。这样一来,她会逐渐相信,自己被一种无法抑制的"激情"所支配。

贿赂的手段还有一种表现形式,就是通过了解一个人,帮助他在事业或精神上获得发展,为他排忧解难,以此来赢得对方的爱。这种方法是男女通用的。

第二种获得爱的方式是乞求怜悯。神经症患者会把自己的痛苦和无助展现出来,他内心的座右铭是:"我如此痛苦和无助,你必须来爱我。"与此同时,他们也经常以此为由,向别人提出过分的要求。

有时,这种乞求是公开表现出来的。比如,一位患者可能指出,他的病情最严重,分析师应该给他最多的关注。他可能会轻视看起来比他更健康的患者,而且还会憎恨比他更善于使用这一策略的人。

乞求怜悯的过程,或多或少掺杂着一些敌意。患者可能单纯地渴望我们对他善良仁慈,也可能通过极端的手段来索取利益,比如让自己陷于悲惨境地迫使我们出手相助。在社会工作或医疗工作领域里的人,只要接触过神经症患者,都深知他们如何依赖这种策略。有些患者对自身困境采取实事求是的态度,另一些患者则以戏剧性的方式展现痛苦以唤起他人怜悯,两者自然有很大不同。事实上,在很多孩子身上,我们也可以发现同样的倾向以及多样性:这些孩子有时会由于痛苦而想要得到安慰,有时则会无意识地制造出让父母担心的情境,比如不能进食或排便等,以此获取父母的关注。

采取乞求怜悯的方式,表明患者确信自己不能以其他方式来获得爱。这种信念可能被合理化为对爱的普遍不信任,或者是认为在特定的情境下,乞求怜悯是获得爱的唯一方式。

第三种获得爱的方式是追求公平。此时,患者的座右铭是:“这是我为你做的,你能为我做点什么呢?”在我们的文化中,母亲经常会指出,她们为子女做了许多牺牲,理应得到无私的回报。在恋爱关系中,有人虽然答应了对方的追求,但可能会借此提出各种要求。这类人常常乐于为他人付出,但同时又隐秘地期待回报,从而获得自己想要的东西。如果对方不愿报之以李,他们就会感到非常失望。在此,我不是指在意识层面盘算着得到回报的人,而是指那些完全没有意识到这种情况的人。他们这种强迫性的慷慨,或许可以更准确地描述为魔术师的手势。换言之,他们为别人所做的一切,正是希望别人为他们做的;他们希望一个手势就能扭转乾坤。事后他们表现出极度强烈的失望,才让人明白他们确实期望得到回报。有时,他们会在心里记录得失,在这个记账簿上,他们过高地赞誉了自己所做的无用奉献,比如为他人“消得人憔悴”,但又尽量低估甚至忽略他人为自己所做的一切。因此,他们完全歪曲了实际情况,心安理得地认为自己应该得到特别关照。这种态度会对神经症患者本人产生影响,因为他非常害怕欠别人的恩情。他本能地以己度人,担心如果接受了别人的恩惠,别人就会利用他。

追求公平的另一个心理基础是,神经症患者认为只要有机会,他必然愿意为别人付出。他会提出,如果他处在那个位置,他会多么有爱心，多么乐于自我牺牲。他觉得自己的要求很合理，因为他对别人的要求并不比对自己的要求多。实际上，神经症患者这种合理化的心理，比他自己认识到的要复杂得多。他对自身品质的高估，主要是因为他在无意识层面，把他对别人的要求放在了自己头上，认为自己已经完成了这些要求。然而，这并不完全是谎言，因为他确实有自我牺牲的倾向；这些倾向源于他缺乏自我肯定，常以失败者自居，希望别人对自己就像他对别人同样宽容。

追求公平的过程中也可能存在敌意，在要求为所谓的受伤害做出赔偿时，这种敌意表现得最明显。患者内心的座右铭是："你让我承受痛苦，你伤害了我，所以你必须帮助我、支持我、照顾我。"这一策略类似于创伤性神经症患者所采用的方法。我对治疗创伤性神经症经验有限，但我在想，创伤性神经症患者是否也属于这个范畴，以受伤作为借口，对他人任意索求。

接下来，我举几个例子，说明神经症患者如何唤起他人的罪疚感，以使自己的需求合理化。例如，一位妻子因为丈夫出轨而生病了。她没有对丈夫提出任何指责，甚至没有意识到要去指责对方，但她生病这件事本身就是一种活生生的谴责，目的是要唤起丈夫的罪疚感，让他心甘情愿地把所有精力都放在她身上。

再例如，另一个神经症患者，她表现出强迫和歇斯底里的症状。有时，她会坚持要帮助姐妹做家务活，但没过几天，她就会因为别人接受了她的帮助，而在无意识中感到怨恨，并且会随着症状的加重而卧病在床。结果，她的姐妹不仅要自己处理家务，还要承担照顾她的任务。同样，她的疾病也表明了一种谴责，要求他人做出补偿。有一次，一个姐妹批评她，她竟然当场晕倒，以此展现她的怨恨并要求得到同情。

还有一个患者，在接受分析的某个阶段，病情变得越来越重。她甚至产生了幻想，认为分析师要夺走她的财产，要使她一无所有。因此，她认为在以后的日子里，分析师有义务照料她的生活起居。这种反应在治疗过程中很常见，常常伴随着对医生的公开威胁。如果程度较轻的话，我们会见到以下情形：在分析师休假时，患者的病情就会加重；而且他或明或暗地认定，病情恶化是分析师的过错，所以他有权得到分析师的关注。在日常生活中，我们也可以见到类似的例子。

以上这些例子都表明了，这种类型的神经症患者愿意付出痛苦的代价，哪怕是巨大的痛苦，只要他们可以借此谴责别人，并提出种种要求。但他们自己却意识不到这一点，因此能够保持自身的公正感。

第四种获得爱的方法是威胁。当神经症患者使用这种方法时，他很可能会恐吓要伤害自己或者他人。他会声称要采取某些极端的行为，比如败坏自己或他人的名誉，或者用暴力伤害自己或他人。常见的例子是，患者以自杀或以尝试自杀相威胁。我的一个患者，就是以这种方式相继获得了两任丈夫。当第一个男人表现得有所顾虑时，她跑到城中最热闹、最引人注目的地方去跳河。后来，当第二个男人不太愿意结婚时，她打开了煤气阀门，当然是在确信能被人发现的情况下。她的意图很明显，就是要表明没有这个男人，她就不想活了。

既然患者希望通过威胁来获得爱，那么只要他能实现这一点，只要别人会满足他的要求，他实际上就不会执行这些威胁。但如果他失去了这种希望，他就可能会在绝望和报复的驱使下，将其付诸实践。

第九章 性在对爱的神经症需求中的作用

在今天，许多性行为仍然被当作精神压力宣泄的出口，而不是源于真正的性欲望，所以它更多是一种麻醉品，而不是真正的“性福”。

是否源于性的不满足

对爱的神经症需求，常常表现为对性的痴迷，或者对性满足的无限贪婪。鉴于这一事实，我们必须提出这个问题：对爱的神经症需求是否本就源于性方面的不满足？这种对爱、接触、赞许和支持的渴望，难道是由于性欲没有得到满足，而不是出于对安全感的需要？

这正是弗洛伊德的理论倾向。他发现许多神经症患者都渴望与人交往，并倾向于依赖他人。他把这种态度归因于性欲没有得到满足。然而，这个理论是以某些假设为前提的。这个假设是，所有那些本身与性无关的表现，比如希望得到建议、赞许或支持，都是减弱的或“升华”的性欲的表达。此外，柔情蜜意也是受抑制或“升华”的性冲动的表现。

这些假设并没有充足的依据。柔情、爱意与性欲之间的关系，并不像我们认为的那样紧密。人类学家和历史学家告诉我们,人与人之间的爱是文化发展的产物。罗伯特·布里福[1]指出,与柔情相比,性与残忍的关系更为密切,尽管他的说法也不那么令人信服。然而,通过在我们的文化中所做的观察,便可发现没有爱或柔情,性欲仍然存在;而没有性,爱或柔情也照样存在。例如,没有证据表明,母亲与子女之间的柔情蕴含着性的意味。我们最多只能观察到可能存在性欲的成分,这也是弗洛伊德发现的结果。我们可以发现柔情与性之间有许多种联系:柔情可能是性感觉的前奏;一个人可能只在意识到柔情时才有性欲;性欲也可以激起或转化为柔情。这种性与柔情之间的转化,虽然表明两者关系密切,但我们最好还是谨慎一些,宁可假定它们是两种不同的感觉,既可能相互一致,也可能相互转化、相互取代。

而且,如果我们承认弗洛伊德的假设,认为性欲的不满足是追求爱的驱动力,那么我们就很难解释下面这种情况:那些在生理层面完全获得性满足的人,为什么仍然会有对爱的渴望,仍然会有我们描述过的各种并发症——占有欲、渴望无条件的爱、感觉不被人需要,等等。毫无疑问,这种情况确实存在。因此,我们自然会得出结论:性欲的不满足并不能解释这些现象,这些情况的成因在性领域之外。[2]

最后,如果对爱的神经症需求只是性欲的表现,我们就无法解释许多相关的问题,比如占有欲、渴望无条件的爱、感到被人拒绝。确实,我们对这些问题已经有所认识,前人对它们进行了

---

① 罗伯特·布里福:《母亲》,伦敦和纽约出版社,1927年版。

② 神经症患者在情绪领域存在明确的障碍,但同时又能够获得充分的性满足,这样的案例对精神分析师来说一直是个难题。尽管不符合弗洛伊德的力比多理论,但它们确实是存在的。

详细的分析:例如,嫉妒可以追溯到同胞竞争或俄狄浦斯情结,需要无条件的爱可以溯源至口唇性欲,占有欲可以被解释为肛门性欲,等等。但是,人们一直没有弄清楚,事实上,前面章节描述过的所有态度和反应属于同一范畴,是同一个整体的不同组成部分。焦虑才是对爱的需求的幕后主使,如果认识不到这一点,就无法理解这种需求为何会时强时弱。

焦虑才是幕后主使

凭借弗洛伊德独创的自由联想法,尤其通过关注患者情感需求的起伏,在心理分析过程中,我们可以捕捉到焦虑和情感需求之间的关联。经过一段时间的建设性合作之后,患者可能会突然发生很大的改变,比如:要求占用分析师的时间,渴望获得分析师的友谊,盲目地崇拜分析师;或者嫉妒心和占有欲变强,对分析师把他当作“普通患者”极为不满。与此同时,患者的焦虑也在加剧,这可能表现在他的梦中,也可能表现在他的实际行为中,甚至表现在他的生理症状中,比如腹泻、尿频。患者并没有意识到自身的焦虑,也不知道他对分析师的迷恋增强是焦虑的结果。如果分析师察觉到了这种关联并向患者指出来,那么双方就会发现:在这个“突发的迷恋”之前,他们曾触及了一些问题,而这些问题激起了患者心中的焦虑。例如,患者可能会把分析师的解释视作不公平的谴责,或者是对他的羞辱。

这一系列的反应似乎有这样的发展过程:分析过程中发现了一个问题,讨论这个问题使患者对分析师产生强烈的敌意;患者开始仇恨分析师,梦到分析师死亡;接着他压抑自己的敌意冲动,开始感到恐惧,并出于对安全感的需求,紧紧地依附于分析师;当这些反应经过分析之后,敌意、焦虑以及由此增加的对爱的需求,便会慢慢消退。由于焦虑会引起患者对爱的需求的增强,所以我们可以把它当作一个信号,表明某种焦虑已经在蠢蠢欲动,患者渴望更多的安全感。这里所描述的过程并不局限于心理分析的过程。这些反应同样也存在于人际关系中。例如,在有的婚姻中,丈夫可能会强迫性地依恋妻子,产生嫉妒心和占有欲,并把她理想化,赞美她,然而在内心深处却憎恨她、害怕她。

这种附加在潜藏的憎恨之上的过度忠诚,我们完全有理由把它称作"过度补偿"。不过,我们要明白这个术语只是对这一过程的粗略描述,并不涉及其中的动力机制。

如果基于上述种种原因,我们不同意对爱的需求的性欲病因学解释,那么就会产生一个问题:对爱的神经症需求有时与性欲同时出现,或者看起来像性欲,这会不会只是偶然?或者,在某些特定的条件下,对爱的神经症需求才会以性的方式表现出来,以性的方式被人感觉到?

从某种程度上说,对爱的需求是否以性的方式表现出来,取决于外在环境是否支持这种表现。另一方面,它还取决于文化的差异、个体的生命力以及性气质的差异。最后,它还取决于个体是否对性生活感到满足;如果感到不满足,比起那些性生活和谐的人,他就更有可能通过性的形式做出反应。

尽管所有这些因素都显而易见,而且对个体的反应有明确影响,但它们还不足以解释个体间的基本差异。在许多对爱有神经症需求的人身上,这些反应通常因人而异。因此,我们发现,有些人与他人的接触,几乎强迫性地或多或少带着一种性色彩。而在另一些人身上,这种性的感觉始终保持在正常的情感和行为范围内。

前一种类型当中，有些人很容易从一段性关系过渡到另一段性关系。如果深入了解这些人的心理，我们就会发现，他们缺乏安全感，渴望有保障；一旦他们结束了性关系，或者不能及时获得性关系，他们就会焦虑不安。这种类型中的另一些人，他们身上有更多抑制倾向，事实上拥有的性关系非常少，但他们总是在人际关系中营造一种情欲的氛围，不管自己是否真的被对方所吸引。最后，这一类型中还有第三种人，虽然在性方面有更多的抑制，但他们很容易变得性兴奋，并强迫性地把任何异性都视作潜在的性伴侣。在这最后这一种人当中，强迫性手淫有可能会取代性关系，但也并不尽然。

这一类型的人所获得的生理满足，在程度上存在很大的差异。他们所具有的共同特征，除了性需求具有强迫性以外，还在选择性伴侣方面不加区分和辨别。他们与我们讨论过的对爱有神经症需求的人具有同样的特征。除此之外，我们还会惊讶地发现一个矛盾：一方面他们想要和别人发生性关系——不管是真实的还是想象的；另一方面他们和别人的情感关系却存在着巨大困扰，这种困扰比普通人遭受的基本焦虑更加严重。这些人不仅无法相信爱，而且事实上，他们会因为爱的降临而变得非常不安；如果是男性的话，可能会患上阳痿。他们可能会意识到自己的防御态度，也可能将责任推给他们的性伴侣。在后一种情况下，他们确信自己从未遇到过称心如意的爱人。

对他们来说，性关系不仅能帮助他们释放性驱力，而且是人际接触的唯一途径。如果一个人形成了这样一种信念，即对他而言，获得爱实际上是不可能的，那么身体接触就可能被当作情感关系的替代品。在这种情况下，性就成为主要的甚至是唯一的与他人接触的桥梁，因而获得了非比寻常的重要性。

在有些人身上，这种不加区分的态度，表现为他们不太在乎性伴侣的性别。他们主动寻求与男性或女性发生关系；或者被动地屈服于别人的性要求，不管对方是异性还是同性。第一种人不是我们关注的对象，因为对他们来说，尽管性也是用来建立人际关系的手段——除此之外他们很难有人际交往，但这种冲动主要是出于征服的需要，而不是对爱的需要，或者更确切地说，是因为他们想要控制、奴役他人。这种冲动可能非常强烈，以至于性别问题变得次要起来。对他们来说，男人和女人都只是征服的对象，无论是在性方面，还是在其他方面。但第二种人，即那些容易屈服于别人（同性或异性）性要求的人，他们被无止境的对爱的需求所驱使，他们尤其害怕失去对方，所以不敢拒绝对方的性要求，甚至不敢拒绝对方的任何要求，不管这些要求是否合理。他们不想失去对方，因为他们迫切需要这种关系。

在我看来，以双性恋来解释这种不加区分地与两性发生关系，这是一种误解。在这些例子中，没有迹象表明他们真的喜欢同性。一旦健康的自我肯定取代了焦虑，这些看似同性恋的倾向就会消失，同样，他们对异性不加选择的倾向也会消失。

以上对双性恋的阐述，也有助于解释同性恋问题。事实上，在所谓的“双性恋”与明确的同性恋之间，还有许多中间地带。在同性恋的生活史中，发生过一些确定的事件，可以解释他为何不把异性当作性伴侣。当然，同性恋的问题非常复杂，不可能只从一个角度来理解。在此我只能说，我们在双性恋者身上发现的因素，在同性恋者身上全部有所体现。

近几年来，一些精神分析学家指出，人们性欲的增强，是因为他们把性兴奋和性满足当作发泄的窗口，以此缓解焦虑和被压抑的精神紧张。这种机械主义的解释有一定的道理。然而，我相信从焦虑到性欲望的增强，当中还有其他的心理过程；而且，我们可以认识这些过程。这一信念基于精神分析的观察，也基于对患者生活史的研究，包括他们在性领域之外的性格特征。

这一类患者可能在分析开始时就迷恋分析师，迫切地要求得到爱的回报。要么，他们在分析期间一直保持冷淡，把对性关系的需求转移到其他人身上，他们将这个人当作分析师的替身，因为他与分析师在某方面很像，或者二者在梦中被等同起来。要么，这类患者希望与分析师发生性关系的需求，最后只出现在梦里或会谈期间的性亢奋中。通常，患者会对这些明显的性欲迹象感到惊讶，因为他们既没有感觉被分析师吸引，也根本没有喜欢上他。事实上，分析师并没有散发出明显的性魅力，这些患者的性欲望也不比别人更强烈或不可控，他们的焦虑程度与其他患者也差不多。他们的特征在于，他们都不相信任何真正的关爱。他们认为，分析师对他们感兴趣，是出于一些隐秘的动机；在分析师的内心深处，实际上是看不起他们的，而且还很可能会伤害他们。

由于神经症患者对恶意过分敏感，因此在每一次分析中，他都会出现愤怒和怀疑。但在性需求特别强烈的患者身上，这些反应形成了一种僵化持久的态度。这种态度使得分析师和患者之间，似乎竖立了一堵隐形而又无法穿越的墙。当触碰到自己的难题时，患者的第一个冲动就是想放弃，想中断心理分析。他们在分析中的表现，正是他们整个生活的精确缩影。唯一的区别在于，在接受分析前，他们还可以回避事实，不想知道自己的人际关系实际上多么脆弱和复杂。而他们很容易建立性关系这一事实只能使情况更加混乱，让他们误以为自己能够轻松地建立性关系,就意味着他们总体上拥有良好的人际关系。

上述的这些态度经常同时出现,因此只要在精神分析开始时,患者表现出与分析师有关的性欲望、性幻想或是性梦,我就准备好在他的人际关系中发现严重的障碍。而且根据我的观察,分析师的性别相对来说不太重要。那些接触过男分析师和女分析师的患者,有可能对两者做出同样的反应。因此,在这些情形下,如果根据患者在梦中或其他地方表现出的同性恋愿望,就认为患者是同性恋,那我们就大错特错了。

总而言之,正如"闪光的未必都是金子",同样,"看起来像性的东西不一定都是性"。很多看起来像是性欲的反应,事实上跟性欲几乎无关,只是人们寻求安全感罢了。如果不考虑这一点,我们必然会高估性欲的地位和作用。

那些未被认知的焦虑增强了一个人的性需求,而他却天真地将强烈的性需求归因于与生俱来的性情,或者归因于他不受传统习俗的禁锢。在这样做的时候,他与那些高估自己睡眠需求的人犯了同样的错误,有人以为自己需要 10 个小时甚至更多的睡眠,而事实上,可能只是各种被压抑的情绪增强了他们对睡眠的需求,睡眠被他们当作一种逃避内心冲突的手段。对于那些强迫性进食、强迫性饮酒的人,道理也是一样的。进食、饮酒、睡眠、性欲,这些都是维持生命的基本需求;它们的强度不仅因个人体质而不同,而且还受许多其他条件的影响,比如气候、其他方面满足与否、外部刺激存在与否、工作的紧张程度、当前的身体状况等。但是,所有这些需求也可能因为无意识的因素而增强。

性欲与对爱的需求之间的关系,为我们研究性禁欲的问题提供了线索。个体在多大程度上实行性禁欲,取决于不同的个人以及文化。在个人方面，它可能涉及一些心理和生理的因素。然而，我们很容易理解，如果一个人需要用性行为作为缓解焦虑的出口，他恐怕不能够忍受任何性禁欲，甚至短时间的也不行。

性欲在我们文化中的角色

以上这些考量，促使我们反思性欲在我们文化中扮演的角色。我们似乎倾向于对自己在性方面的开明态度感到骄傲和满足。当然，自维多利亚时代以来，这方面已经有了很大的改善。我们在性关系上拥有了更多的自由，而且也能获得更多的性满足。后一点对于女性来说尤是如此：性冷淡不再被认为是女人的常态，而普遍被认为是一种缺陷。然而，尽管有了这些改变，这方面的进步还是没有我们想象的那样深远。因为在今天，许多性行为仍然被当作精神压力宣泄的出口，而不是源于真正的性欲望，所以它更多是一种麻醉品，而不是真正的“性福”。

这种文化境况也同样反映在精神分析的概念中。弗洛伊德的伟大成就之一，就是他极大地提高了“性”的地位，让人们重视起“性”。然而，在细节上，许多被认为是性欲的现象，其实只是复杂的神经症的表现，而且主要是对爱的神经症需求。例如，患者对分析师的性欲望，通常被认为是对父亲或母亲的性欲固着(sexual fixation)的重复；然而，它们往往根本不是真正的性欲望，而是为了缓解焦虑而寻求安全保障。确实，患者会陈述这样的联想或梦境，例如，希望躺在母亲怀里，想要回到母亲的子宫里，它们暗示着对父亲或母亲的“移情”。但是，我们不能忘记，这种明显的移情也可能只是表达了他当前想要获得爱或庇护而已。

即使患者对分析师的欲望,被理解成他对父亲或母亲的欲望的重复,我们也没有证据证明,婴儿与父母的联系本质上是一种性联系。虽然有大量证据表明,在成年患者身上,爱与嫉妒的种种特征——弗洛伊德将其描述为俄狄浦斯情结——都可能存在于童年期,但这种情况并不像弗洛伊德所设想的那样常见。我相信,俄狄浦斯情结不是一个原初过程,而是许多不同过程的结果。一方面,它可能是一种简单的幼儿期反应,源于父母带有性色彩的爱抚、儿童目睹性爱场景、父母中的一方盲目宠爱孩子;另一方面,它也可能源于一个复杂得多的过程。正如我之前说过的,那些为俄狄浦斯情结的发展提供温床的家庭环境,通常会在儿童内心引发许多恐惧和敌意,而对它们的压抑则会让儿童产生焦虑。在我看来,这些情况下出现的俄狄浦斯情结,很可能源于孩子因为需要安全而紧紧依附于父母中的一方。事实上,正如弗洛伊德所描述的,充分发展的俄狄浦斯情结展现了所有的神经症倾向,比如需要无条件的爱、嫉妒、占有欲、因拒绝而产生仇恨,这些都是对爱的神经症需求的特征。在这些情形中,俄狄浦斯情结并不是神经症的根源,只是神经症的一种形式罢了。

第十章 对权力、名誉和财富的追求

我们追逐爱，是通过与他人的亲密接触来获得安全感；而追求权力、名誉和财富，是通过减少与他人的接触并加固自己的地位来获得安全感。

在我们的文化中，抵抗焦虑的方法之一，是通过对爱的追求来获得安全感；另一种方法是对权力、名誉和财富的追求。

或许我应该说明一下，为什么我把权力、名誉和财富放在一起来讨论。具体来说，一个人的主要倾向是追求权力、名誉还是财富，这是因人而异的。神经症患者在寻求安全感时，哪个目标占主导地位，不仅依赖于他的个人天赋和心理结构，还依赖于外部环境。我把它们作为一个整体来分析，主要是因为它们有着共同点，这一点使它们区别于对爱的追求。我们追逐爱，是通过与他人的亲密接触来获得安全感；而追求权力、名誉和财富，是通过减少与他人的接触并加固自己的地位来获得安全感。

想要控制他人、赢得名誉、获得财富，这些做法本身并不是神经症倾向，就像对爱的渴求本身也不是神经症倾向一样。为了理解这些做法的神经症特征，我们需要将其与正常状态做比较。举例来说，在正常人身上，对权力的感觉源于意识到自身的优势，无论是有力的身体，还是成熟的心智。或者，他对权力的追求涉及某些特定的目标，比如为了家庭、政治或专业团体、祖国、宗教或科学理想。然而,神经症患者对权力的追求却源于自身的焦虑、仇恨和自卑。简而言之,对权力的正常追求与力量有关,对权力的神经症追求则源于软弱。

此外,我们还应该考虑文化因素。个人的权力、名誉和财富,并非在每种文化中都显得重要。例如,对普韦布洛的印第安人来说,追求名誉是绝对不受鼓励的,他们在个人财富方面的差距也非常之小。在那样的文化中,通过追求任何形式的权力来获得安全感,都是徒劳无功的。而在我们的文化中,神经症患者追求权力、名誉和财富,是因为这些东西在我们的社会中,能够给人带来强大的安全感。

在探究人们追求这些目标的原因时,我们发现,只有当个人无法通过爱来获得安全感,无法以此缓解潜在的焦虑时,才会出现这种追求。我将举一个例子,说明当一个人对爱的需求不能满足时,它是怎样作为野心表现出来的。

有一个女孩非常依恋比她大 4 岁的哥哥。他们所沉溺的温情中或多或少带有性色彩,但这个女孩的哥哥在她 8 岁时,突然拒绝了她,说他们现在长大了,不能再玩那些游戏了。在这次经历之后,这个女孩突然在学校里表现出强烈的野心。显然,这是由于她对爱的追求受挫所致。同时,这种失望由于她无人依靠而更加难以忍受。父亲对孩子们漠不关心,母亲显然更偏爱哥哥。她所感受到的不仅是失望,还有对她自尊的沉重打击。她没有意识到,哥哥态度的变化是因为他要进入青春期了,所以她感觉受到了羞辱。而且,由于她自信的基础一直不够稳固,因此这种感觉就更强烈了。她母亲本来就不太需要她,而且母亲非常漂亮,人见人爱,这样令她觉得自己无足轻重。此外,哥哥不仅得到母亲的偏爱,而且还得到了她的信任。父母的婚姻并不幸福,母亲的烦恼总是向哥哥倾诉。因此,女孩觉得自己完全被忽视了。为了获得自己所渴求的爱,她做出了新的尝试:在经历了被哥哥拒绝之后,她爱上了一个在旅行中遇见的男孩,她变得非常兴奋,开始编织与这个男孩有关的美丽幻想。当这个男孩从她的生活中消失时,她再次感到失望并变得抑郁。

正如这种情况中经常发生的,父母和家庭医生把她的状况归咎于她在学校上的年级太高了,不适合她。他们把她从学校接出来,送到一个避暑胜地休养,然后再把她安排到比原来低一年的班级里。从那时起,9 岁的她开始表现出一种狂热的野心。在班上,她无法忍受屈居第二。与此同时,她与其他女孩本来友好的关系也开始恶化。

这个例子说明许多相互作用的典型因素共同导致了神经症的野心:起初,她感到不被人需要,因而产生了不安全感;由此产生了强烈的对抗心理,而这种对抗心理无法宣泄出来,因为家庭中处于统治地位的母亲需要盲目的赞美;这种受压抑的怨恨导致了大量的焦虑;她的自尊一直没机会获得发展,她经常感觉自己受到了屈辱,同时与哥哥的交往又让她明确感受到耻辱;她试图寻求爱,以此作为获得安全感的手段,但这个尝试也以失败告终。

对抗焦虑

对权力、名誉和财富的神经症追求,不仅可以帮人对抗焦虑,还可以帮人释放被压抑的敌意。我们先讨论这些追求如何提供特别的保护来对抗焦虑,然后再讨论它如何帮助人们释放敌意。

(一)对权力的追求

首先,对权力的追求可以作为一种保护措施,用来对抗无助感。正如前文所说的,这种无助感是焦虑的基本要素之一。神经症患者会因为自己表现出无助或软弱而产生反感,以至于他会避开一些大家司空见惯的情境,比如接受指导、建议或帮助,对外人或环境的依赖,对别人观点的赞同,等等。这种对无助的抗争,并不是一次性爆发的,而是逐渐增强的。神经症患者越是感觉自己在实际上被压抑了,他就越不能肯定自己。他在实际上越软弱,就越焦急地想要逃避一切看似与软弱有关的事物。

其次,对权力的神经症追求可以用来对抗无价值感。患者形成了一种僵化且非理性的权力理想,使他相信自己能够驾驭任何情境,无论情况多么复杂,他都能立即掌控局面。这种理想与他的自尊紧密相连,因此,患者不仅认为软弱是危险,还是一种耻辱。他把人们分成“强者”和“弱者”,崇拜前者,鄙视后者。他对软弱的看法也往往非常极端。对那些同意他的意见或顺从他的意愿的人,那些顾虑重重或无法控制情绪因而总是表情冷漠的人,他或多或少有些瞧不起。他也鄙视自己身上具有这些特质。如果他发现自己存在的焦虑或抑制,他会产生强烈的耻辱感;因此,他会鄙视自己有神经症,并迫切地将此隐瞒起来。此外,他还鄙视自己不能独自应对这个问题。

患者会采取哪种形式去追求权力,取决于他最害怕、最鄙视自己缺乏哪种权力。下面,我将描述神经症患者追求权力的常见表现。

第一种表现,神经症患者渴望掌控他人和自己。他希望任何事情都是由他发起或批准的。这种对控制的追求,也可能采取不那么明显的形式。患者会有意识地允许对方拥有完全的自由，但他坚持要知道对方做的每一件事，如果发现对方有所隐瞒，他就会非常恼火。这种控制的倾向也可能被深深压抑，以至于他自己甚至是身边的人，都相信他慷慨大方，能给人充分的自由。然而，如果一个人完全压抑了自己的控制欲，当对方和其他朋友约会，或者意外地很晚回家，他就有可能变得抑郁，或者出现严重的身体不适，比如头痛或胃痛。由于不知道这些问题的起因，他可能将其归咎于天气、饮食或者类似的因素。而且，许多看起来像是好奇的行为，其实都是出自他想要控制局面的内在愿望。

此外，这类人希望自己永远是正确的；一旦别人指出他的错误，即使是无关紧要的错误，他也会非常恼火。他必须比别人更了解每一件事，这种态度有时会令人很尴尬。那些原本很严肃的人，当遇到他不知道答案的问题时，就有可能不懂装懂，或者胡编乱造，尽管在这种情况下，无知并不会败坏他的名誉。有时候，他强调需要预知会发生什么，并预测每一种可能性。与此同时，他对任何涉及不可控因素的情境都感到厌恶。他不能冒任何风险。他非常强调自我控制，不愿意让任何情感摆布自己。例如，一个患有神经症的女性喜欢某个男人，但如果这个男人爱上了她，她就会突然变得看不起他。这类患者很难让自己在自由联想中驰骋，因为那意味着失去控制，让自己卷入未知的领域。

第二种表现，在追求权力时，神经症患者希望可以随心所欲。如果别人没有实现他的期望，或者没有遵守他预定的时间，他就会经常感到恼火。这种急躁的态度跟他对权力的追求是连在一起的。任何形式的延迟、任何被迫的等待，哪怕只是等红绿灯，都可能让他变得愤怒。通常，神经症患者并不知道自己这种专横的态度,至少不知道这种态度的影响有多大。很显然,不承认这种态度,不改变这种态度,更符合患者的利益,因为这种态度具有重要的保护作用。同样,也不能让别人辨认出这种态度,因为如果别人发现了,他就有可能失去爱。

这种无意识的态度对恋爱关系的影响非常大。例如,一个患有神经症的女性,如果她的情人或丈夫的行为不符合她的预期——他迟到了,他没有打电话问候,他去了别的城市,这个女人就会觉得对方不爱她了。她没有意识到自己感到愤怒,是因为对方没有满足自己的期望——当然这些期望经常是模糊不清的,相反,她把这种情况解释为自己不被人需要。这种误解在我们的文化中很常见,它助长了一种不被人需要的感觉,而这种感觉是神经症的关键因素之一。通常,这种误解来源于父母的态度。一位专横的母亲会对子女不听话感到愤恨,她会相信并宣称孩子不爱她。在此基础上经常产生的奇怪矛盾,可能会损害一个人的恋爱关系。例如,患有神经症的女孩无法爱一个"软弱的"男人,因为她鄙视任何软弱;但她也无法与一个"坚强的"男人交往,因为她期望对方能够一直顺从自己。因此,她在内心深处寻求的是英雄、超人,这个人同时又是软弱之人,会毫不犹豫地遵从她所有的要求。

第三种表现,神经症患者在追求权力的漩涡中表现出一种永不屈服的态度。在他看来,赞同别人的意见或接受别人的建议,即使它们是有益的,也是一种软弱的表现。哪怕仅仅想到要这么做,都会让他在心里产生反抗。那些坚持这种态度的人,因为害怕屈服于人而矫枉过正,强迫性地采取相反的立场。这种态度最常见的表现,就是患者在内心深处坚持认为,世界要去适应他,而不是他去适应世界。这正是精神分析治疗的基本困难之一。精神分析并不只是为了让患者获得知识或领悟，而是让他凭借这种领悟来改变自己的态度。尽管这类患者能认识到改变对自己的好处，但他还是对改变很反感，因为这意味着他将不得不屈服。患者不能做出改变，这对恋爱关系也有很大影响。不管爱的内涵有多宽泛，但它始终意味着屈服，屈服于自己的情感，屈服于自己的爱人。一个人，不管是男人还是女人，越是不能做出这样的屈服，恋爱关系就越不能令人满意。这个因素也可能是性冷淡的原因之一，因为性高潮意味着完全放弃自我。

正如我们所见，对权力的追求会对恋爱关系产生很大影响，这让我们可以更全面地理解对爱的神经症需求。如果不考虑追求权力在其中扮演的角色，我们就无法完整地理解在对爱的追求中所包含的许多态度。

（二）对名誉的追求

正如我们所看到的，对权力的追求是对抗无助感和无价值感的保护措施。同样，对名誉的追求也具有对抗无价值感的作用。

追求名誉的神经症患者迫切地想要给别人留下深刻的印象，想要得到别人的尊重和欣赏。他会想方设法给他人留下深刻的印象，他会幻想运用美貌、智慧或杰出的成就吸引他人；或者他会毫无节制地挥霍金钱，假装慷慨大方；或者他强迫自己去了解最新的书籍和戏剧，去结识有权有势的人。无论是朋友、丈夫、妻子，还是手下的员工，身边的人都必须崇拜他、欣赏他。他的全部自尊都基于别人对他的崇拜，如果失去了别人的崇拜，他的自信就会崩塌。过于敏感的性格，让他不断地感受到羞辱，生活对他来说就是无尽的折磨。通常情况下，他意识不到这种羞辱，因为这一意识太令人痛苦了。但不管是否有所意识，他对这种感受总是做出愤怒的反应,而且愤怒的程度与他感受到的痛苦成正比。因此,他的态度导致不断产生新的敌意和新的焦虑。

为了便于描述,我们可以把这类人称为自恋者。然而,如果从动力学的角度考查,这个术语是有误导性的,因为尽管他沉溺于膨胀的自我,但他这样做主要不是出于自恋,而是为了让自己对抗无价值感和羞辱感,或者换个角度来说,是为了修复破碎的自尊心。

与别人的关系越疏远,患者对名誉的追求就越可能被内化。在他自己看来,这种追求似乎是一种永远正确和完美的需要。而每一个缺点,不管是被清晰认识到的,还是被隐约感觉到的,他都将其视为一种耻辱。

(三)对财富的追求

在我们的文化中,追求财富也是对抗无助感、无价值感或羞辱感的手段之一。因为财富不仅能给人带来权力,而且还能提升名誉。对财富的非理性追求在我们的文化中很常见。通过与其他文化做比较,我们认识到这并不是人类共有的本能,既不是一种贪婪的本能,也不是生物驱力的升华。事实上,即使在我们的文化中,一旦相应的焦虑得到缓解或消除,对财富的强迫性追求也会随之而去。

以追求财富作为保护,对抗的是对贫穷、困苦和依赖他人的恐惧。这种对贫穷的恐惧,就像是一条鞭子,鞭策一个人不停工作,抓住每个赚钱的机会。这种追求所具有的防御性特征,表现为金钱根本无法为他带来更大的享受。这种占有欲不一定仅仅指向金钱或物质,也可能表现为一种占有别人的态度,以防止自己失去关爱。这种占有现象很普遍,尤其是在婚姻中,它会因法律的保护而以看似合理的方式表现出来。这种占有的特征,与我们讨论追求权力时所描述的特征非常相似，所以在这里，我就不再列举专门的例子了。

释放敌意

以上描述的三种神经症追求，正如我所说过的，不仅可以用来对抗焦虑，以获得安全感，还可以作为释放敌意的手段。这种敌意是表现为支配他人、羞辱他人，还是剥削他人，取决于哪一种追求占据上风。

（一）对权力的追求

对权力的追求中所包含的支配倾向，不一定公然表现为针对他人的敌意。它也可能伪装成某种具有社会价值的形式，例如，表现为爱提建议、爱管闲事、喜欢带头。但如果这种态度中隐藏着敌意，那么其他人（例如子女、伴侣、员工）就会感觉出来，并做出或顺从或反抗的反应。神经症患者通常意识不到自身携带的敌意。即使他会因为事情没有如其所愿而勃然大怒，但他仍然坚信自己是个温和的人。他之所以会生气，是因为别人太蠢了，竟然不听他的话。然而，实际情况是神经症患者的敌意被压抑，以一种文明的形式表现出来；当他不能按自己的意愿行事时，这种敌意就会爆发出来。对于让他发怒的事情，从对方的角度看来，可能觉得并非是对他的反对，只是双方意见不同而已。然而，就是这些小事，可能会让患者勃然大怒。这种支配他人的态度可以被看作一个安全阀，通过这个安全阀，一定程度的敌意以非破坏性的方式释放出来。由于这种态度本身就是一种弱化的敌意，因此，它为抑制纯粹的破坏性冲动提供了一种途径。

正如我们所看到的，这种产生于意见不合的愤怒，也有可能受到压抑，而被压抑的敌意又可能引发新的焦虑。患者可能因此表现出疲劳或抑郁。由于引起这类反应的事件是微不足道的，所以它逃过了人们的视线。而且，由于患者意识不到自己的反应，所以这些焦虑或抑郁的状态，看起来好像没有任何外在刺激。只有通过精确的观察，我们才能逐渐揭示刺激与反应之间的联系。

强迫性的支配欲所产生的深层特征，是患者缺乏与别人平等相处的能力。他必须领导别人，否则就会感到迷茫和无助。他是如此专制，以至于任何事情不能掌控，都会让他感觉自己被征服了。如果他压抑了愤怒，很可能会表现出沮丧、疲劳和抑郁。然而，他的无助感也可能只是一种迂回，让他确保自己的支配地位，或者表达他不能领导别人产生的敌意。举个例子，一个女人和丈夫在异国某个城市的街头散步。她事先研究过地图，因此一直在前面带路。但是，当他们走到之前没有了解过的地方时，她自然而然感到不安，于是就把带路的任务交给了丈夫。尽管之前她一直很快乐，也很活跃，但这时她突然感到非常疲惫，几乎寸步难行。我们很多人都知道，在一些伴侣、兄弟姐妹、朋友之间的关系中，神经症患者表现得像个奴隶主，把他的无助当作鞭子，以迫使别人服从他的意志，获得无休止的关注和帮助。这些情况的问题在于，无论别人为他做过什么、付出多少，神经症患者都无法从中获益。相反，他会以新一波的抱怨和要求作为回应，甚至指责别人忽视和虐待自己。

在心理分析的过程中，也可以观察到同样的行为。这类患者可能拼命要求获得帮助，但他们不仅不听分析师的任何建议，还会因为没有得到帮助而大发脾气。如果患者真的获得了帮助，对自己的人格有了某种了解，他会立刻再次陷入以前的烦恼,就好像什么都没发生过。他会想方设法消除经由分析师辛苦工作而带来的领悟。然后,他会迫使分析师重新开始分析,而这些分析注定又会无果。患者可以从这种情境中得到双重满足:一是通过表现自己的无助,他成功地迫使分析师像奴隶般为他服务。二是这种策略往往会导致分析师感到无助,这样一来,他内心的困扰虽然让他不能以建设性的方式来支配别人,但他发现了以破坏性的方式支配别人的可能。毫无疑问,患者以这种方式获得的满足完全是无意识层面的,正如他为了获得满足而使用这种技巧也是无意识的一样。患者所能意识到的是,他非常需要帮助而又得不到帮助。因此,在他自己看来,他的所作所为不仅完全合理,而且他还有充分的理由对分析师感到愤怒。与此同时,他会不可避免地"记录"这一事实,即自己正在玩一个阴险的游戏,他害怕被人发现并遭到报复。出于防御,他觉得有必要巩固自己的支配地位,于是他开始颠倒黑白。他认为,并不是他暗中进行某些破坏性的攻击,而是分析师忽视、欺骗和虐待了他。然而,只有真正感觉自己是个受害者,他才会采取并坚持这一立场。在这种情况下,他不仅不会承认自己没有受到虐待,而且他还饶有兴趣地坚持这一信念。他坚持认为自己受到了伤害,这种坚持往往让人以为他想要被虐待。事实上,他和我们一样不希望受到虐待,但他相信自己被人虐待的信念具有重要的功能,以至于无法轻易将其放弃。

这种支配的态度可能包含大量敌意,患者由此又产生了新的焦虑;然后又可能导致一些抑制作用,比如不能下命令、做决定、表达确切的意见等,结果是神经症患者往往表现得过于顺从。而这反过来又导致患者误以为自己的抑制是与生俱来的软弱。

（二）对名誉的追求

那些把名誉放在第一位的人，其敌意通常表现为想要羞辱他人。这种欲望最容易控制那些因为自尊被羞辱而受过伤害的人，他们因此产生了报复心理。通常，患者在童年期有过一系列屈辱的经历，这些经历可能与他成长的社会环境有关，比如属于少数群体，或者自己家里很穷而别人家很富有。这些经历也可能与他的个人境况有关，比如，因为别的孩子而受到歧视，受到冷落，被父母当作玩物，有时被溺爱，有时被辱骂，等等。这类经历常常因为其痛苦的性质而被人压抑，但如果遇到与羞辱有关的事件，它们就会重新回到意识层面。然而，在成年患者身上，一般无法观察到这些童年期遭遇所产生的直接结果，而只能观察到间接的结果。这些结果可能会愈演愈烈，因为它们会形成“恶性循环”：被羞辱感→想要羞辱他人→由于害怕遭到报复而对被羞辱更加敏感→更想要羞辱他人。

神经症患者从自己的敏感中得知，当他受到羞辱时，是多么痛苦和想要报复，因此他本能地害怕别人也做出同样的反应，于是他极力压抑羞辱的倾向。然而，这种倾向还是会在无意识的情况下出现：例如，无意中忽视别人，让别人等待；无意中使别人感到尴尬；无意中让别人丧失主动权。即使神经症患者完全没有意识到自己羞辱他人的倾向，他的人际关系中也会弥漫着焦虑，表现为他总是担心自己会遭到指责或羞辱。在后面讨论对失败的恐惧时，我将回过头来讨论这种担忧。由这种对羞辱的极度敏感而产生的抑制倾向，通常会表现为对任何可能羞辱别人的事情唯恐避之不及。例如，这样的患者可能无法对他人提出批评，或是拒绝他人的要求，或是做出开除员工的决定，结果，他往往显得过于谨慎小心或彬彬有礼。

最后，羞辱别人的倾向，也可能会伪装成崇拜别人的倾向。由于羞辱别人和崇拜别人截然相反，因此，后者是掩盖前者的绝佳方式。这也正是这两种极端经常出现在同一个人身上的原因。这两种态度的表现方式因人而异，形式多样。它们可能出现在不同的阶段，一个阶段普遍轻视别人，另一个阶段开始崇拜英雄；可能针对不同的性别，比如崇拜男性而轻视女性，或者恰恰相反；也可能是对某个人盲目崇拜，而对其他人则盲目轻视。在心理分析的过程中，我们观察到，这两种态度在现实中是可以并存的。患者可能既盲目地崇拜分析师又轻视分析师，有时他会压抑其中一种情感，有时则在两者之间徘徊不定。

（三）对财富的追求

在追求财富的过程中，敌意通常表现为剥削别人的倾向。想要欺骗、偷窃、剥削或挫败别人，这本身并不是神经症的表现。它可能是某种文化的特征，或者是某种实际情境下的不得已行为，也可能被认为只是常见的利己行为。然而，神经症患者身上的这种倾向，充满了情绪色彩。只要能达成目的，他就会感到兴奋不已，哪怕他从中得到的实际利益不值一提。例如，为了买到一件便宜货，他可能花费了大量的时间和精力，与节省下的那点钱根本不成比例。他由此获得的满足主要源于以下两点：一是他觉得自己比别人聪明，二是他觉得自己击败了别人。

这种剥削倾向的表现形式是多样化的。一个神经症患者会因为没有得到免费治疗或者治疗费用超出了他的支付能力，从而对医生产生怨恨。一个老板会因为他的员工不愿意无偿加班而怒不可遏。在与朋友和孩子的关系中，他常常声称对方有责任和义务照顾他，从而使这种剥削倾向合理化。如果父母在这个基础上要求孩子做出牺牲，事实上有可能毁掉孩子的一生。

即使这种倾向没有以破坏性的形式出现，但如果母亲相信孩子的存在是为了让自己满意，那么她必然会在情感上剥削孩子。这种类型的神经症患者，也可能倾向于扣留应该给别人的东西，比如应该付给别人的钱、应该告诉别人的消息，以及答应给别人的性满足。这些剥削倾向可能会表现为患者反复做偷窃的梦；或者他会产生意识层面的偷窃冲动，只不过他把这种冲动压抑下去了。当然，他也可能在某个时期确实是个偷窃狂。

这一类型的人在剥削别人的时候往往毫无意识。一旦别人对他们有所期待，他就会产生焦虑，而焦虑则会导致某种抑制。例如，他们会忘记买对方期待的生日礼物；或者如果一个女人期待与他做爱，他会变得阳痿。然而，这种焦虑并不总是导致实际的抑制，它也有可能变成潜在的恐惧，患者担心自己正在剥削他人。尽管事实就是如此，但他们会在意识层面愤怒地否认自己的意图。患者甚至可能对某些并没有剥削倾向的行为感到恐惧，与此同时，他却完全意识不到自己在其他行为上确实在剥削别人。

这些剥夺他人的倾向，往往伴随着嫉妒情绪。如果别人拥有我们想要的好处，大多数人都会感到有点嫉妒。然而，正常人的嫉妒是希望自己也能拥有这些好处；可神经症患者的嫉妒是不愿让别人得到这些好处，即便他自己对得不得到这些无所谓。这种类型的母亲常常会嫉妒孩子的快乐，她会告诉孩子们："你在吃早饭时歌唱，就会在吃晚饭时抽泣。"

神经症患者通常会把他的嫉妒合理化，以此掩盖这种嫉妒的丑恶面。别人获得的利益——无论是一个洋娃娃、一个女友、一段闲暇时光，还是一份工作——都显得那么光彩耀目、令人向往，因此他觉得自己的嫉妒完全合乎情理。事实上，这种合理化只有在无意识层面对事实进行歪曲才能实现，例如，贬低自己实际拥有的东西，认为别人的东西才是有价值的。这种自我欺骗，可能使他相信自己十分悲惨，因为他没有别人所拥有的某种优势。他完全忘记了，在其他方面，他根本不愿意和别人交换。他为这种歪曲付出了沉重的代价，他因此不能享受和欣赏任何可能的幸福。然而，正是这种情况保护了他免受别人的嫉妒——他害怕这种嫉妒。他并非有意对自己拥有的东西感到不满，就像许多正常人也会歪曲自己的真实处境，找充分的理由来保护自己不受他人的嫉妒。只是神经症患者把这件事做得更彻底，以至于剥夺了自己的任何快乐。就这样，他最终破坏了自己的目标：他本想拥有一切，但由于他的破坏性冲动和焦虑，最后落得两手空空。

很明显，这种剥削他人的倾向，像我们讨论过的所有敌意倾向一样，不仅来源于受损的人际关系，而且会进一步损害人际关系。通常情况下，这种倾向多多少少处于无意识状态，它会导致个体感到不自然，甚至在别人面前感到羞怯。在那些他没有任何期待的人面前，他的感受和行为可以很自在。但只要他有可能从别人那里获得好处，他就会变得很不自然。这种好处可能是有形的东西，比如一封推荐信或某些信息；也可能是无形的东西，比如仅仅是获得帮助的可能性。这种表现不仅发生在性关系中，而且体现在其他所有关系中。这种类型的女性，在自己并不在意的男人面前，可能会表现得很自然；而在她希望获得好感的男人面前，就会感到十分拘谨，因为在她看来，获得他的爱就等于从他那里得到某种东西。

这一类人的赚钱能力可能非常强，从而使自己的冲动进入有益的渠道。但更常见的是，他们在赚钱方面形成了抑制，这让他们犹豫该不该索取报酬,或者辛苦付出了工作却没有索取相应的报酬;因此,他们看起来往往比实际情形慷慨得多。然后,他们可能会对自己的报酬不满,但又经常不明所以。如果患者的抑制非常严重,渗透到他的整个人格,那么就会导致他不能自立,而必须依赖于别人。于是,他会过着寄生虫式的生活,从而满足自己的剥削倾向。这种寄生的态度,并不一定张扬其事地表现为"所有人都欠我的",也可能会采取更微妙的形式,例如希望别人帮助自己,为自己的工作出谋划策。总而言之,他就是希望别人来为自己的生活负责。结果是,他形成了一种奇怪的人生态度:他没有认识到这是他自己的生活,必须由自己来决定是要有所建树,还是虚度一生。他对人生的态度,就好像他是个局外人;就好像善与恶都来自外部,与他的所作所为全然无关;就好像他有权从别人那里得到好处,然后将所有的坏事都推给别人。由于在这种情况下,坏事往往比好事发生得更多,因此神经症患者不可避免地对外部世界越来越憎恨。这种寄生虫式的态度,也存在于他对爱的神经症需求中,尤其是当对爱的需求表现为物质需求时。

神经症患者剥削或剥夺他人的倾向,另一个常见结果是,他们担心自己会被别人欺骗或利用。他可能生活在一种无限的恐惧中,害怕有人会利用他,偷走他的金钱或想法;所以,他对每一个遇到的人都感到恐惧,害怕这个人会打他的主意。如果他真的被骗了,比如出租车司机绕路行驶,或者服务员多收了他的钱,他会感到特别愤怒,大发脾气。把自己的虐待倾向投射到别人身上,所产生的心理价值是显而易见的。对别人义愤填膺,比面对自己的问题要轻松得多。更有甚者,歇斯底里症患者经常指责他人或恐吓他人,使其感到罪孽深重,从而任其辱骂和虐待。辛克莱·刘易斯(Sinclair Lewis)[①]在描述多兹沃思夫人(Mrs. Dodsworth)的性格时,对这种策略做了精彩的描述。

神经症患者追求权力、名誉和财富所包含的目的和功能,可以大致列表如下:

目标	获得安全感所对抗的对象	敌意的表现形式
权力	无助	支配倾向
名誉	羞辱	羞辱倾向
财富	贫穷	剥削倾向

阿德勒的主要成就,就是他发现并强调这些追求的重要性,以及它们在神经症行为中所起的作用,还有它们所表现出来的伪装。然而,阿德勒认为,这些追求是人性中最重要的趋势,它们本身并不需要任何解释。[②] 他把神经症患者身上这些激烈的表现,归因于个体的生理缺陷和自卑感。

弗洛伊德也看到了这些追求的许多内涵,但他并不认为它们同属一类。他认为,追求名誉是自恋倾向的表现。对权力和财富的追求以及其中包含的敌意,则被当作“肛门—施虐阶段”的衍生物。后来他认识到,这些敌意行为无法归结到性欲上面,因而主张它们是“死本能”的表现。因此,他仍然忠实于自己的生物学取向。

无论是阿德勒还是弗洛伊德,都没有意识到焦虑在产生这些追求中所起的作用,也都没有看到这些表现形式中的文化内涵。

---

① 辛克莱·刘易斯(Sinclair Lewis),美国作家,《多兹沃思》(*Dodsworth*)是他的一部长篇小说。——译者注

② 在《权力意志》(*Der Wille zur Macht*)一书中,尼采对这种权力欲望做了同样片面的评价。

第十一章 神经症竞争

我们的文化中普遍存在着竞争行为，即使是正常人也会表现出这些倾向；但在神经症患者身上，这些冲动本身变得异常重要，不管它们会给他带来什么不利或痛苦。对他来说，能够羞辱、剥削或欺骗他人，就是一种胜利；如果不能这样做，就是一种挫败。

权力、名誉和财富的获取方式随文化的不同而不同。它们可能因继承权而来，也可能缘于个人拥有某些被其文化群体所欣赏的品质，如勇气、智慧、高超的医术、与超自然沟通的能力、灵活的头脑，等等。它们还可能基于特定的品质或偶然的机遇，通过参与某些非凡的或成功的活动而获得。毫无疑问，在我们的文化中，因继承权而获得地位和财富无疑占有一席之地。然而，如果一个人必须靠自己的努力去获得权力、名誉和财富，他就不得不与别人进行竞争。这种竞争以经济为中心，延伸到所有其他活动中，并渗透到爱情、社会关系和娱乐中。因此，在我们的文化中，竞争是每个人都必然面对的问题。所以，我们发现它在神经症冲突中占据核心地位，也就不奇怪了。

与正常竞争的三个不同

在我们的文化中，神经症竞争与正常竞争有三个方面的不同。第一，神经症患者总是拿自己与别人做比较，即使根本没有比较的必要。尽管在任何竞争性环境中，奋力拼搏、力争上游都是至关重要的，但神经症患者会把那些根本不可能成为对手、没有共同目标的人假想为竞争对手。他不加区分地去跟每个人做比较，看谁更聪明、更有吸引力或更受欢迎。他就像赛马中的骑手，在他的人生中，唯一重要的事情，就是能否超过其他人。这种态度必然导致他对任何事业都无法产生真正的兴趣。对他来说，做什么事情并不重要，重要的是能从中获得多少成就、名誉和影响力。神经症患者可能意识到他喜欢跟别人做比较，但也可能对自己的所作所为毫不知情。总之，他对这种做法给自己带来的重大影响，几乎从未有过充分的意识。

神经症竞争与正常竞争的第二个不同在于，神经症患者的野心不仅是要比别人更优秀，比如完成更多的目标，或取得更大的成功，而且是要让自己鹤立鸡群、独领风骚。尽管他在思考时用的是比较级，但他的目标始终是最高级。他可能完全意识到这种驱使自己的顽强野心，然而，在大多数时候，这种野心要么被他完全压抑了，要么被他部分地掩盖起来。在后一种情况下，他可能认为自己关心的不是成功，而是他为之拼搏的事业；他可能相信，自己无意成为舞台上的焦点，而只想做些幕后工作；他可能承认，自己在人生中某个阶段曾经野心勃勃，例如在童年时期，他曾幻想有朝一日成为皇帝，或者幻想着成为拯救世界的超级英雄——如果是个女孩，她会幻想有朝一日嫁入皇室，成为美丽的王妃——但是现在他会声称，在那以后，他的野心就完全消失了。他甚至会抱怨说，自己现在一点野心都没有，希望重新找回过去的感觉。如果他完全压抑了野心，他可能会相信，自己从未有过任何野心。只有当分析师攻破了某些防御机制，他才会记起自己曾有过浮夸的幻想，或者在脑海中有过一闪而过的想法,例如,希望在自己涉足的领域里是最优秀、最英俊、最聪明的;或者,很惊讶自己身边的女人居然会爱上其他男人,甚至还会恼羞成怒。然而,在大多数时候,由于意识不到野心在他的反应中所起的作用,患者并不认为这些幻想有什么重要性。

这种野心有时会指向某些特定的目标:才智、魅力、某种成就或品质。然而,有时候,这种野心并不明确地指向任何目标,而是弥散在个体的所有活动中。在他涉足的所有领域,自己都必须是最优秀的。他可能既想成为伟大的发明家,又想成为了不起的医生,还想成为让人景仰的音乐家。而一位女性,可能不仅希望自己在工作领域出类拔萃,同时还希望自己"上得了厅堂,下得了厨房"。如果是一位青少年,他可能发现自己很难选择或从事任何一种职业,因为选择一种就意味着放弃另一种,或至少要舍弃部分他最喜欢的兴趣和活动。对大多数人来说,同时掌握建筑、外科手术和小提琴演奏,肯定是不可能的。而这些青少年开始工作时,可能会抱着不切实际的幻想,比如,与伦勃朗比绘画,与莎士比亚比写作,甚至刚踏进实验室就出成果。由于过度的野心导致他们对自己期望过高,所以很容易灰心失望,并很快放弃目标,开始去做其他事情。许多有天赋的人在他们的人生中,就是这样被分散了精力。他们虽然在某些领域具有取得成功的巨大潜能,但由于对所有领域都感兴趣而又野心勃勃,所以无法一心一意地追求某个目标。最终,他们只能一事无成,白白浪费了自己的才能。

不论对自己的野心是否有意识,他们在遭遇任何挫折时都会表现出极度的敏感。他们甚至对成功也感到失望,只因为这次成功没有达到他们的期望。举个例子,如果他发表的一篇论文或出版的一本专著没有一鸣惊人,那么他就会感到很沮丧。

如果他通过了一次很难的考试,本应该感到高兴,可是他会指出别人也通过了考试,因此这算不上什么成功。这种对任何事都感到失望的倾向,正是他们无法享受成功的原因之一。至于其他原因,我将在后文中讨论。当然,他们对任何批评也极为敏感。许多人在发表了处女作之后,就止步不前了,因为即使是最温和的批评,也会让他们深感气馁。许多潜在的神经症患者,往往是在遭到别人批评或遭遇失败的时候,显露出最初的神经症症状。尽管这些批评或失败本身微不足道,或者根本不足以造成精神障碍,但他们受不了这个刺激。

与正常竞争的第三个不同在于,神经症患者的野心中隐藏着敌意,他认为“只有我才是最美丽、最能干、最成功的”。每一场激烈竞争中其实都存在敌意,因为一个竞争者的胜利,就意味着另一个竞争者的失败。事实上,在个人主义的文化中存在着大量的破坏性竞争,如果单独地看待这种竞争,我们不会将其看作神经症的特征,因为它几乎是一种文化模式。然而,在神经症患者身上,这种竞争的破坏性远远超过了建设性:对他来说,看到别人失败比看见自己成功要重要得多。更确切地说,由于患者的野心,他的行为表现得好像打败别人比自己取得胜利更加重要。事实上,他自己的成功对他来说当然是最重要的;但是,由于他对成功有着强烈的抑制(这一点我们将在后文看到),所以,他唯一能接受的方法就是去贬低别人,把别人降低到与自己同等的水平,或者不如自己的水平,从而让自己变得比别人厉害,或至少是感觉比别人厉害。

在我们文化的竞争行为中,为了提高自己的地位、名誉而试图损害竞争者,或者压制潜在的竞争对手,通常只是一时的利己之举。然而,神经症患者却被一种盲目的、强迫性的冲动所驱使,不分青红皂白地贬低所有人。即使他意识到这个人不会对自己造成伤害,即使这个人的成败与自己的利益不相干,他也会这么做。他的感觉可以被描述为这样一种信念,即“一山岂能容二虎”,而实际上他更想说的是“这里只能留下我”。在他的破坏性冲动背后,可能隐藏着大量的情绪张力。例如,一个正在创作剧本的人,会因为得知朋友也在写剧本,而在心中生出无名之火。

在许多关系中,我们都能看到这种挫败他人的冲动。一个充满野心的孩子可能会被一种愿望所驱使,那就是破坏父母为他所做的一切努力。如果父母强迫他注意言行举止,在社交上取得成功,他就会故意让自己在社交上不受欢迎。如果父母所做的一切努力都聚焦于他的智力发展,他就会对学习产生强烈的抵抗,故意表现得像个白痴。我记得有两个孩子,他们被带到我这里,父母怀疑他们智力发育不正常,但后来我发现他们非常聪明能干。他们的动机是想打败父母,在和分析师相处时,他们也有同样的表现。其中一个孩子假装听不懂我的话,这样我便无法判断她的智力状况,后来我意识到她一直在跟我玩游戏,就像她跟父母和老师玩游戏一样。这两个孩子都有极强的抱负,但在治疗开始时,这种抱负完全被破坏性的冲动掩盖了。

在课堂上或者治疗过程中也会出现这样的态度。正常人都会努力从课堂或治疗中获益。但是,对这类神经症患者来说,或者更确切地说,对其竞争性的一面来说,更重要的是挫败老师或医生的努力,阻碍他们取得成功。如果证明别人在他身上一事无成可以达到目的,他宁愿让自己继续生病或永远无知,从而向别人证明,那些老师或医生并没什么高明之处。当然,这个过程是在无意识中发生的。在他的意识中,他会认为老师或医生没有实际的本领,或者不适合教他学习或给他治病。

因此,这一类患者会非常害怕被分析师成功地治愈。他会不遗余力地摧毁分析师的努力,尽管这样做明显也会损害他自己的利益。他不仅会误导分析师或者隐瞒重要的信息,而且只要能做到,他会维持自己的症状,甚至使其更加恶化。他不会告诉分析师自己的病情有任何好转;或者,即使他告诉了分析师,那也是极不情愿的,要么带着抱怨或牢骚,要么把自己的好转或领悟归因于外在因素,比如气温变化、服用药物或阅读某本书。他不会听从分析师的任何指示,试图以此证明分析师明显是错误的;或者,他会粗暴地拒绝分析师的建议,然后又将其说成是自己的发现。后一种行为,我们在日常生活中也经常观察到,它构成了无意识剽窃行为的动力,许多关于专利权的斗争都基于这样的心理。这种人无法容忍别人提出新观点,他希望所有的新观点都由自己提出。他会坚决反对任何不是自己提出来的意见。例如,如果他的竞争对手推荐了一本书或一部电影,他肯定会表现得非常讨厌或加以拒绝。

在分析过程中,当所有这些反应通过分析师的解释,更加接近意识水平时,神经症患者可能会突然发怒:想要砸坏诊所里的东西,或者对分析师恶语相向。或者,在澄清了一些问题之后,他会立即指出还有很多问题没有解决。即使他已经取得了很大进步,并在理智上认识到这一事实,但他在情感上仍然拒绝表示感激。这种不知感恩的现象还包含了许多其他因素,比如害怕偿还恩情。但其中最重要的一个因素是,不得不把某件事归功于别人,这对神经症患者来说是一种羞辱。

这种想要挫败他人的冲动,往往会产生大量的焦虑。因为神经症患者会想当然地认为,别人在遭到挫败后也会像自己一样，感觉深受伤害并伺机报复。因此，他对自己意欲伤害别人感到非常焦虑，坚持认为这种挫败别人的倾向是有事实根据的，从而让自己意识不到这种挫败倾向。

如果神经症患者有强烈的贬低倾向，他就很难形成任何积极的意见，采取任何积极的立场，做出任何建设性的决定。他对某人或某事形成的积极意见，会因别人提出的轻微异议而烟消云散，因为一点小事都会激发他的贬低冲动。

事实上，对权力、名誉和财富的神经症追求当中包含的所有破坏性冲动，都可以归结为竞争行为。我们的文化中普遍存在着竞争行为，即使是正常人也会表现出这些倾向；但在神经症患者身上，这些冲动本身变得异常重要，不管它们会给他带来什么不利或痛苦。对他来说，能够羞辱、剥削或欺骗他人，就是一种胜利；如果不能这样做，就是一种挫败。在很大程度上，神经症患者由于无法占别人便宜而表现出愤怒，就是源于这种挫败感。

对两性关系的影响

如果个人主义的竞争精神充斥于整个社会，那么它必然会损害两性之间的关系，除非男人和女人的生活是互不干涉的。然而，神经症竞争由于它所具有的破坏性，会比一般的竞争对两性关系造成更大的伤害。

在恋爱关系中，神经症患者想要挫败、征服、侮辱对方的倾向，会发挥重要的影响。有时，性关系成了征服、贬低对方或者被对方征服、贬低的一种手段，这与性爱的本质显然是相悖的。这种情形通常会发展为男性爱情关系中的分裂，正如弗洛伊德所描述的：一个男人只对那些在自己标准之下的女人产生性欲，而对他所爱和仰慕的女人既没有欲望，也没有能力完成性爱。对这类人来说，性交与羞辱倾向交织在一起，因此，他会抑制自己对所爱的女人的性欲。这种态度通常可以追溯到他的母亲，他曾感受到来自母亲的羞辱，并希望反过来羞辱她；但是出于恐惧，他只有通过过度的忠诚来掩藏这种冲动。这种情形通常被描述为固着作用(fixation)。在未来的生活中，患者会把女人分成两种类型，以求解决这个问题，他对自己所爱的女人残留的敌意，往往表现为现实中对她们的挫败。

这类男人如果与一个地位或品格与其相当或者优越的女人发生性关系，他常常会私下瞧不起这个女人，为她感到羞耻而不是骄傲。他可能对自己的反应非常困惑，因为在他的意识层面，一个女人并不会因为发生性关系而丧失价值。他不知道自己有一种强烈的冲动，希望通过性关系来贬低女性，他在情感上认为她已经一文不值了。因此，他自然而然地为这个女人感到羞耻。同样，一个女人也可能非理性地为她的爱人感到羞耻，不愿让别人看见他们在一起，或者对他的优点视而不见，并因此很少赞赏对方。心理分析表明，她在无意识层面，同样有贬低伴侣的倾向。[①] 通常情况下，她对女性朋友也有这种倾向，但由于个人因素，这种倾向在她与男性的关系中更突出。这种情况所牵涉的个人因素可能有很多：对受宠爱的兄弟的怨恨；对软弱的父亲的蔑视；认为自己魅力不够，预期会遭到男人的拒绝。此外，她也可能对女性感到非常恐惧，以至于不敢表现出羞辱倾向。

---

① 多里安·费根鲍姆(Dorian Feigenbaum)在论文中记录了一个案例，这篇论文将发表在《精神分析季刊》上，题为《病态的羞耻》(*Morbid Shame*)。然而，他的解释与我的不同，因为在最终分析中，他把羞耻追溯到阴茎嫉妒。在精神分析文献中，很多被认为是女性阉割倾向的东西，都追溯到对阴茎的嫉妒，但在我看来，这是羞辱男性的愿望的结果。

和男人一样，女人也可能充分意识到自己想要征服和羞辱异性的意图。一个女孩可能出于一种直白的动机而开始一段恋情，她想把这个男人玩弄于股掌之中。或者，她可能故意引诱男人，一旦他们对她产生感情，她就会将对方抛弃。然而，通常情况下，这种羞辱男性的欲望是在无意识层面的，可能通过许多间接的方式表现出来。例如，它表现为情不自禁地嘲笑男人的求爱，或者，它以性冷淡的形式表现出来，借此告诉男人，他无法使她满足，因此成功地羞辱了男人，尤其是这个男人本身就对女性的羞辱异常恐惧，那么效果会更加强烈。同一个人身上也会出现相反的一面，即感觉自己在性关系中受到羞辱、贬低和虐待。在维多利亚时代，女人把发生性关系视作羞辱，这是一种文化模式，只有当这种性关系合法化或变得冷淡时，这种感觉才会减弱。在过去的 30 年里，这种文化的影响已经日益削弱，但它仍然相当强大，足以解释下面这个事实，即女性更容易感觉自己的尊严受到了性关系的伤害，这种感觉也可能导致性冷淡，或者完全避免与男性接触，尽管她内心渴望与他们交往。这种女性可能会产生受虐幻想或变态行为，在这种态度中获得次级满足，但她仍然会对男人产生强烈的敌意，因为她预期会受到羞辱。

一个对自身男子气概缺乏自信的男人，即使有足够的证据表明对方是真心喜欢他，他还是很容易怀疑，自己被接受只是因为那个女人需要性满足，因此，他会因为这种被利用的感觉而产生怨恨。或者，一个男人会觉得女人在性爱时没有反应，是一种不可忍受的羞辱，因此他会过分担心对方能否获得满足。在他看来，这种极大的关注似乎就是一种体贴。然而，他在其他方面表现出来的粗鲁和不体贴，恰恰表明了他对女人是否得到满足的关注，仅仅是为了自己免受羞辱。

患者掩盖他贬低或挫败别人的冲动有两种方式：一种是通过崇拜的态度将其隐藏，二是通过怀疑的态度将其合理化。当然，怀疑也可能是因为真的存在不同的看法。只有把真正的怀疑完全排除，才能合理地寻找患者隐藏的动机。这些动机可能隐藏得不深，只要简单地质问这个怀疑是否合理，就可能会引发患者的焦虑。有一个患者，每次面谈时都粗鲁地贬低我，但他自己并没有意识到这一点。后来，我问他是否真的相信这个怀疑，认为我在某些方面没有能力，他立刻就出现了严重的焦虑。

如果贬低或挫败别人的冲动通过崇拜的态度被隐藏，这个过程就更加复杂了。那些在内心深处想要侮辱和伤害女性的男人，在意识层面可能会把女性捧得高高在上；那些在无意识中想要羞辱和挫败男性的女人，则可能对男性崇拜得无以复加。神经症患者的英雄崇拜，与正常的英雄崇拜一样，也可能涉及真正的价值感和伟大感，但后者的不同之处在于，它是两种倾向的妥协：一是对成功的盲目崇拜，不管它有何价值，因为他自己就有成功的愿望；另一个则是他的伪装，掩盖他对成功者的破坏性愿望。

在此基础上，我们可以理解某些典型的婚姻冲突。在我们的文化中，这些冲突往往更多影响女性，因为对男人来说，有更多的外部激励和更多的可能性帮助他获得成功。假设一个有英雄崇拜情结的女人，她嫁给了一个男人，那多半是因为这个男人现在或将来的成功让她颇为心动。在我们的文化中，妻子通常会在一定程度上分享丈夫的成功，所以只要这种成功继续，就可以给她带来某些满足。但是，这个女人却陷入了冲突的情境：她因为丈夫的成功而爱他，同时，又因为他的成功而恨他；她想破坏丈夫的成功，但又不能这样做，因为她要通过丈夫来间接地享受成功。这样一来,这位妻子可能会肆意挥霍,以此来威胁丈夫的财产安全;可能会无理取闹,以此来破坏丈夫的平静;可能会打压贬低,以此来摧毁丈夫的自信。这些无意识的做法全都暴露了她想要破坏丈夫的成功的冲动。或者,她可能会无休止地逼迫丈夫争取越来越大的成功,而丝毫不考虑他自身的幸福,这种做法也暴露了她的破坏性愿望。一旦出现任何失败的迹象,这种怨恨就会变得更加明显。在丈夫成功之时,她在各方面都表现得像贤妻良母;但丈夫一旦失败,她会转而反对丈夫,而不是支持和鼓励他。只要她能够分享丈夫的成功,报复心理就会被掩盖起来;但只要丈夫显露出失败的迹象,这种报复心理就会公开发作。所有这些破坏性行为,都可能在爱和崇拜的伪装下进行。

我们还可以举一个常见的例子,说明人们如何用爱来补偿由野心产生的破坏性冲动。有一个女人独立能干,事业成功,但是结婚之后,她不仅放弃了自己的工作,而且养成了依赖的态度,似乎完全放弃了过去的野心,我们可以说她“变成了一个传统的女人”。通常情况下,她的丈夫会感到失望,因为他希望找一位出色的伴侣,结果却发现妻子并不与他共同奋进,而只是想依附于他。一个女人在经历这种变化后,往往会对自己的潜能产生病态的疑虑,她隐约地感到,如果能嫁给一个成功的男人,或者至少是有可能成功的男人,那么就更有把握去实现她的美好愿望——即使这个愿望只是获得安全感。通常来说,这种情况不一定会引起困扰,也可能会产生令人满意的结果。但是,患有神经症的女性往往在内心深处拒绝放弃野心,对丈夫充满敌意,而且根据神经症患者“非好即坏”的思维方式,她会逐渐感到一种无意义感,最终陷入虚无主义。

如前面所述，我们在女性身上更容易看到这种反应，这是因为我们的文化情境倾向于把成功归于男人的领域。当然，这种反应并不是女性所固有的特征。这一事实表明，如果情况恰好相反，即女人碰巧更聪明、更强大、更成功，那么男人也会做出相同的反应。由于我们的文化相信，除了爱情，男人在所有方面都比女人更优越，所以男人持有的贬低态度很少需要通过崇拜来掩盖，它通常公开、直接地表现出来，对女人的利益和工作造成损害。

这种竞争精神，不仅会影响当前男女之间的关系，甚至还会影响人们如何选择伴侣。在择偶方面，我们从神经症患者身上看到的，不过是竞争的文化中那些常见现象的缩略图。正常人在选择伴侣时，也受到对名誉或财富的追求的影响，也就是说，受制于性爱之外的动机，但在神经症患者身上，这些外在因素的影响是压倒一切的。一方面是因为他对权力、名誉、财富的追求比一般人更具强迫性、更加僵化；另一方面则是因为他的人际关系（包括与异性的关系）已经过于恶化，以至于他无法做出恰当的选择。

破坏性的竞争还可能促进同性恋倾向，这表现在两个方面：第一，它会让一个人完全不与异性交往，以此避免与同性进行性的竞争；第二，它所引起的焦虑需要用安全感来缓解，正如前面指出的，对安全感的需要通常使人依附于同性伴侣。在分析的过程中，如果患者和分析师是同性，那么可以经常观察到破坏性竞争、焦虑和同性恋冲动之间的互动。这样的患者可能在某个时期内吹嘘自己，并且贬低分析师。一开始，他会采取伪装的形式，因此根本意识不到自己的行为；然后，他会意识到自己的态度，但它仍然与其情感相分离，他仍然没有意识到这背后的情绪有多强烈;再后来,他逐渐感觉到自己对分析师的敌意所产生的影响,越来越焦虑不安,这时他突然做了一个梦,梦见分析师拥抱了他,他开始意识到自己希望或幻想与分析师亲密接触,这表明了他需要减轻自己的焦虑。在患者最终能够正视自己的竞争问题之前,这一连串的反应可能会重复出现许多次。

简而言之,崇拜或爱,可以用来掩盖挫败别人的冲动。其方法如下:使破坏性冲动藏于无意识中,不为自己所知;在自己与竞争对手之间制造不可逾越的距离,企图完全消除竞争;通过与对方分享从而间接地享受成功;通过取悦竞争对手从而避免他的报复。

我们对神经症竞争之于两性关系的影响做了以上论述,虽然这些论述还不够详尽,但它们足以阐释这种竞争如何损害两性关系。这个问题之所以重要,是因为在我们的文化中,竞争妨碍了两性之间建立良好关系,而这同时又会导致焦虑,使人们更加渴望完美的两性关系。

第十二章　回避竞争

神经症患者在人生路上每走一步都可能会出现抑制：他可能完全地压抑住自己的野心，什么工作都不去做；或者，他可能尝试着做某件事情，但无法集中精力或坚持到底；他也可能工作非常出色，但他会极力避免成功；而最后，他可能取得了成功，但是无法欣赏它，甚至无法感受它。

对竞争的焦虑

神经症竞争具有破坏性，必然会引起大量的焦虑，因此，患者会回避竞争。现在的问题是，这种焦虑是如何产生的？

其中一个原因是，神经症患者害怕自己对野心的追求会遭到报复，这一点不难理解。一个人如果看到别人成功，或是想要追求成功，就对他们施以羞辱、打击和踩压，那么他必然也害怕别人会如此算计自己。尽管这种对报复的担心存在于许多成功者身上——只要他的成功是以牺牲他人为代价的——但它并不能完全解释，为什么神经症患者的焦虑会日益加剧，进而对竞争加以抑制。

经验表明，仅仅是对报复的恐惧并不一定会引起抑制。相反，它可能只会使人在想象或现实中，对他人产生嫉妒、愤恨，并进行冷血的算计；或者使人试图扩张自己的势力范围，以此避免遭受任何失败。有些追求成功的人唯一的目标就是获得权力和财富，但是，如果把这类人的性格结构与典型的神经症患者进行比较，我们会发现一个显著的区别：那些执着追求成功的人，并不在乎别人的关爱。他既不需要也不期望从别人那里得到什么，既不寻求帮助也不需要任何施舍。他知道，他通过自己的力量和努力能够得到想要的一切。当然，他会利用别人、与人合作，但他关注别人的建议，只是因为别人的良策有助于他实现目标。在他看来，单纯的爱是毫无意义的。他的欲望和他的防御机制只朝着一个方向前进，那就是权力、名誉和财富。即使他是由于内心冲突被迫做出这种行为，但如果他的追求没有受到任何内部因素的干扰，他也不会发展出所谓的神经症特质。恐惧只会促使他更加努力地去追求成功，从而使自己变得更加无敌。

与此不同的是，神经症患者会追求两个互不相容的目标：一方面他努力追求“唯我独尊”的支配地位；另一方面他又渴望得到所有人的爱。这种陷入野心和爱之间的矛盾处境，就是神经症患者的核心冲突之一。因为害怕失去别人的爱，所以神经症患者害怕自己的野心和需求，不愿承认它们，甚至压抑或回避它们。换句话说，神经症患者之所以抑制自己的竞争行为，并不是因为他有个严厉的“超我”，不允许他展现强大的攻击性，而是因为他发现自己陷入了困境，拥有两个方向同样迫切的需要：一个方向是他的野心，另一方向是他对爱的渴求。

这个困境实际上是无法解决的。一个人不可能既打压别人，同时又得到别人的爱。然而，神经症患者承受的压力如此之大，以至于他企图解决这个问题。通常，他尝试以下两种方法来解决问题：一是为自己的支配欲以及因其不满而产生的怨恨进行辩护，使其合理化；二是抑制自己的野心。至于他合理化的理由，我们可以简略地谈一下，因为他为自己的攻击性所做的合理化,与我们之前讨论的对爱的需求及其合理化特征是相似的。这里的合理化也是一种重要的策略:它试图使这些需要变得无可厚非,这样他对爱的渴求就理所当然了。如果在一次竞争中,他为了羞辱或打击别人而贬低他们,他会深信自己的立场是完全客观的。如果他打算剥削和利用别人,他会相信并试图让别人也相信,他此时非常需要他们的帮助。

正是这种合理化的需要,使一个人把隐蔽的、微妙的不真诚渗透进自己的人格,即使他在本质上是诚实不欺的。而且,它还解释了神经症患者身上常见的那种顽固的自以为是(self-righteousness)。这种性格倾向有时很明显,有时则隐藏于顺从甚至自责的态度背后。这种自以为是的态度常常与一种“自恋”的态度相混淆。事实上,它与任何一种“自爱”都不相干,它甚至不包含任何自满或自负的成分,因为与表面情况相反,患者从来没有真正相信自己是正确的,他只是迫切地想让一切看起来合理而已。换言之,这是一种防御的态度,患者迫切需要解决某些问题,而这些问题说到底是由焦虑引起的。

对这种合理化需求的观察,很可能作为因素之一,启发了弗洛伊德提出严厉的“超我”要求的概念。事实上,这个“超我”要求是神经症患者对他的破坏性驱力所做出的反应。这种合理化需求同样也启发我们做出这样的解释:合理化不仅是人际交往中不可或缺的策略,而且,在许多神经症患者身上,它也是自我满足的一种手段,即让他们在自己眼中看起来无可指摘。在后面讨论罪疚感在神经症中所起的作用时,我们会回来再讨论这个问题。

抑制自己的野心

(一)神经症患者对失败的恐惧

神经症竞争中包含的焦虑所产生的直接结果,既有对失败的恐惧,也有对成功的恐惧。对失败的恐惧,在某种程度上是因为害怕遭受别人的羞辱。对神经症患者来说,任何失败都可能是一场灾难。一个女孩如果在学校里学习成绩不如人意,她不仅会感到非常羞愧,还会觉得班上其他女孩都看不起她,并且会与她对立。这个反应对她的影响更大,因为她经常把一些偶然的事件都看作失败,而事实上这些根本就是稀松平常、无关紧要的事情。举例来说,在学校里没有得到第一,在考试中有几道题没有答出来,举办了一场不算特别成功的舞会,在某次谈话中没有侃侃而谈;简而言之,任何没有达到自己过度期望的事情,都会被她视作失败。正如我们所看到的,神经症患者对任何一种拒绝都会报之以敌意,都会将其视为一种失败,并将其理解为侮辱。

某种原因可能加剧神经症患者的恐惧,比如,他担心别人知道他强烈的野心,继而对他的失败更加幸灾乐祸。在这里,比失败本身更令他恐惧的是,他以某种方式表明自己正在与人竞争,而且他确实希望成功并付出了努力,然后却招致失败。在他看来,纯粹的失败可以被原谅,甚至还可能引起同情而不是敌意。然而,一旦他的野心暴露出来,就会被一群凶残的敌人所包围,这些敌人埋伏在那里,伺机而动,一看到他有任何虚弱或失败的迹象,就会猛扑上来。

患者产生的态度随恐惧的对象而有所不同。如果恐惧的是失败本身,他就会加倍努力,甚至不顾一切地避免失败。如果面临一次重要的能力测试,例如考试或当众表演,他会产生严重的焦虑。然而,如果他恐惧的是别人看出他的野心,结果就会恰恰相反。他所感受到的焦虑会让他对任何事都漠不关心,也不会做任何努力。这两种情况的差异非常值得注意,因为它表明了同一根源的两种恐惧如何产生出两种完全不同的特征。第一种人会为考试而疯狂努力;而第二种人几乎无所事事,可能还会沉溺于社交活动或其他嗜好,以向众人表明他对考试不感兴趣。

通常,神经症患者意识不到自己的焦虑,而只能看到由此产生的后果。例如,他可能无法集中精力工作;他可能会出现疑病症,比如害怕过度劳动导致心脏问题,或者害怕过度操心引起精神崩溃;他还可能对参加任何活动都感到疲惫——当某项活动让人感到焦虑,它就很可能使人疲惫不堪——并利用这种疲惫来证明努力有害他的健康,因此必须加以避免。在神经症患者避免任何努力的过程中,他可能会沉溺于各种消遣的活动,从玩单人纸牌到举办派对;或者,他可能采取一种玩世不恭的生活态度。例如,一个患有神经症的女性可能会穿着随意,宁愿给人不注重穿着的印象,也不愿尝试打扮自己,因为她觉得打扮不得当会遭人嘲笑。再如,有个女孩长得非常漂亮,但她自以为相貌平凡,从来不敢在公共场合补妆,因为她害怕别人会嘲讽她:“这只丑小鸭竟然想变成白天鹅,多么可笑!”

因此,神经症患者一般认为比较安全的做法是,不去做那些自己想做的事情。他的座右铭是:“做人要安分守己,谦虚谨慎,最重要的是,不要引人注目。”正如凡勃伦[①](Veblen)所强调的,

① 凡勃伦(1857—1929),挪威裔美国经济学家。——译者注

炫耀在竞争中发挥着重要的作用,比如炫耀式的悠闲,炫耀式的消费。相应地,神经症患者回避竞争必然强调其对立面,即避免炫耀。这就意味着固守传统,避免成为焦点,与别人保持一致。

如果这种回避倾向占据了主导地位,它将使人不敢冒任何风险。毫无疑问,这样的态度将使生命走向贫乏,潜能也将受到阻碍。因为,除非环境极为有利,否则,要想获得任何成就和幸福,都必然要努力奋斗,承担风险。

(二)神经症患者对成功的恐惧

到目前为止,我们讨论了患者对可能遭遇的失败的恐惧,但是,这只是神经症竞争中所包含的焦虑的一种表现。另一方面,这种焦虑也可能表现为对成功的恐惧。在许多神经症患者身上,因对别人的敌意所产生的焦虑如此强烈,以至于他们害怕成功,即使他们确定自己能够成功。

这种对成功的恐惧,源于患者害怕别人会嫉妒他,并因此收回对他的爱。有时候,这种恐惧可以被意识到。我有一个患者,她是一位很有天赋的作家,但她完全放弃了自己的写作,因为她母亲也开始写作并且颇为成功。很长一段时间之后,她又犹豫不决、忧心忡忡地拿起了笔,但这时,她不是害怕写得不好,而是害怕写得太好。这个女人目前基本上无所事事,因为她过度害怕别人会嫉妒她做的每一件事。因此,她把所有的精力都用来讨好别人,让别人喜欢她。这种恐惧也可能表现为隐约的担忧,担心如果自己有了成就,就会失去朋友。

然而,就像其他许多恐惧一样,神经症患者经常意识不到自己的恐惧,而只知道由此产生的抑制。举例来说,当这类患者在打网球时,可能会感到每次接近胜利时,就有什么东西在阻碍他,使他无法获胜;或者,他可能会忘记一个重要的约定,而这个约定对他的未来有着重大影响;或者,在某次讨论或会谈中,无论他有什么比较好的意见,他只会非常小声或者简略地表达出来,这样就不会引起别人的注意;或者,他会让别人拿着他的成绩去请赏。患者也许会注意到,与某些人交谈时,他说得头头是道,而与其他人交谈时,他却语无伦次;与某些人在一起时,他可以像大师演奏乐器一般娴熟,而与其他人在一起时,他却表现得像个初学者。尽管他对这种两极的状态感到困惑,但是他也束手无策。只有当他意识到自己的回避倾向时,他才会有所领悟:当他和一个智力不如自己的人交谈时,他会不由自主地表现得更笨拙;当他与一个技艺不高的乐师一起演奏时,他会情不自禁地演奏得更糟糕,而这一切皆是因为他担心自己的表现会羞辱或伤害别人。

最后,如果他的确有所成就,他不仅无法享受它,甚至不会觉得这是自己的经历。他可能会贬低这种成就,把它归功于某种幸运的情境,或某些无足轻重的外部因素。此外,他可能在成功之后感到抑郁,部分是因为这种恐惧,部分则是因为一种不为人知的失望,即他取得的成功其实远远落后于内心隐秘的过高期望。

因此,神经症患者面临的冲突情境如下:一方面,他有一种疯狂的、固执的凡事皆要第一的愿望;而另一方面,一旦有良好的开端或取得任何进展,他就会用同样的力量来克制自己。如果他某一次成功了,下一次必然很糟糕。一堂课上得很好,下一堂课必定很差;治疗中取得了进展,接下来就是故态复萌;给人先留下了好印象,下一次就是坏印象。这一连串的事情反复发生,使他觉得自己在进行一场毫无希望的战争。他就像希腊神话中佩内洛普[①](Penelope)一样,在白天织好布匹,晚上又将其拆散。

因此,神经症患者在人生路上每走一步都可能会出现抑制:他可能完全地压抑住自己的野心,什么工作都不去做;或者,他可能尝试着做某件事情,但无法集中精力或坚持到底;他也可能工作非常出色,但他会极力避免成功;而最后,他可能取得了成功,但是无法欣赏它,甚至无法感受它。

(三)神经症患者的自我贬低

在神经症患者回避竞争的诸多方式中,也许最重要的是,他在想象中把自己与竞争对手拉开距离,使任何竞争都变得荒谬可笑,从而使其在意识层面消失。这种拉开距离通过两种方式来实现:一是把别人放在难以企及的位置上,二是把自己放在无比低下的位置上,从而使任何关于竞争的想法或尝试都显得极其荒谬。这后一种过程,就是我下文要讨论的"自我贬低"(belittling)。

正常人也会自我贬低,但一般是将其当作权宜之计,这是一种有意识的策略。如果一位弟子创作了一幅出色的画,但他又害怕引起老师的嫉妒,那么,他很可能会贬低自己的作品,以消除老师的嫉妒之情。然而,神经症患者对自己的自我贬低倾向并没有清晰的意识。即使他做了一件了不起的事,他会相信别人会比他做得更好;或者,他会认为自己的成功不过是机缘巧合,不可能再做得这么好了;或者,他已经做得很好了,但他会吹毛求疵,比如认为自己做得太慢了,以此来贬低自己的成就。例

---

① 佩内洛普,希腊神话中奥德修斯的妻子。在等待丈夫归来的过程中,为了拒绝不断上门的求婚者,她只好说要为公公织一匹裹尸布,织好之后才会考虑他们的要求。——译者注

如,一个患有神经症的科学家,有时会对自己领域的某些问题感到不解,以至于别人不得不提醒他,他本人曾经写过这方面的论文。当有人向他提出一个愚蠢至极而无法解答的问题时,他往往觉得是因为自己太无知;当他阅读一本与自己某些观点相悖的著作时,他不是通过批判性的思维去评价,而是倾向于认为自己太笨了,以至于读不懂这本书。他也许还会抱着这样一种信念:他设法对自己保持着客观和批判的态度。

这样的人不仅认为自己不如他人,而且还坚持事实就是如此。尽管他会抱怨这种自卑感,而且为此感到痛苦,但他根本不接受反驳的证据。如果有人认为他在某方面能力很强,他会坚持认为自己被高估了,或者他只是成功地骗过了别人。我前面提到的那个女孩,经历了哥哥的羞辱之后,在学校里变得野心勃勃。她在班上名列前茅,被公认为是一个聪明的学生,但她的内心仍然坚信自己十分愚蠢。有些女人只要看一下镜中的自己,或者留意一下男人的回头率,就足以证明自己的美丽,但她始终觉得自己没有任何吸引力。有些人直到 40 岁时,还坚信自己太年轻了,不敢发表自己的看法或者领导别人;而过了 40 岁,他可能又觉得自己太老了,不中用了。有位著名的学者,一直对别人向他表示敬重感到惊讶,因为他始终觉得自己是个无足轻重的平常人。别人的赞美,在他看来,只是空洞的奉承或别有用心的恭维,甚至还会引发他的愤怒。

这种自我贬低的现象非常普遍,它表明了自卑感——也许是我们这个时代最常见的罪恶——具有非常重要的功能,并因此得到人们的维护和捍卫。这种自卑感的价值在于,通过自我贬低,把自己置于他人之下,从而抑制自己的野心,消除因竞争而引起的焦虑。[①]

顺便提一下，这种自卑感有可能真的削弱一个人的地位，因为它确实会损伤一个人的自信，这一点应该引起重视。一定程度的自信是取得任何成功的前提条件，不管这种成就是调制沙拉酱、推销商品、捍卫自己的观点，还是给可能成为朋友的人留下好印象。

一个有强烈自我贬低倾向的人，可能会在梦中梦见竞争对手超过了自己，或者他在竞争中处于劣势。因为毋庸置疑，他在潜意识层面希望战胜竞争对手，所以，这样的梦可能并不符合弗洛伊德所说的"梦是愿望的满足"。可是，我们不能狭隘地理解弗洛伊德的观点。如果直接的愿望满足包含了太多的焦虑，那么，消除这种焦虑就比愿望的满足更加迫切。因此，一个害怕自己野心的人梦见自己被人打败，并不表示他真的希望失败，而只表示他宁愿失败也不愿竞争，因为失败于他而言危害更小。例如，我有一个病人，在治疗期间，她打算做一次演讲，同时她正想方设法挫败我。有一天，她做了一个梦，梦见我正在进行一次成功的演讲，而她坐在听众席上，谦卑地欣赏着我。同样，一个野心勃勃的老师，可能会梦见他变成了学生，而学生变成了老师，然后，他自己连作业都不会做。

自我贬低对野心的抑制也可以从以下事实得到证明：一个人所贬低的能力，通常也是他最希望超过别人的能力。如果他

① 劳伦斯(D. H. Lawrence)在小说《虹》(*The Rainbow*, p.254)中生动地描写了这种反应。"这种奇怪的残酷感和丑陋感总是近在眼前，随时准备跳出来抓住她；一群乌合之众怀着强烈的嫉妒伏在一旁等候着她，因为她与众不同，这种感觉对她的生活造成了深刻影响。无论她在哪里，在学校，在朋友中间，在大街上，在火车上，她都本能地贬低自己，使自己变得渺小，假装不如自己的实际状况，因为她害怕自己未被发现的小我会被人看出来，会遭到平凡的、普通的大我的强烈仇恨和猛烈攻击。"

的野心是智力方面的,那么智力就是实现野心的工具,这方面就会受到贬低。如果他的野心是性方面的,那么外貌就是实现野心的工具,因此在打扮方面会受到抑制。这种联系非常普遍,因此根据一个人自我贬低的倾向,就可以推测出他最大的野心在哪方面。

到现在为止,在我们的讨论中,自卑感与真正的缺陷并没有什么关系,我们只是将其视为回避竞争的倾向所产生的结果。但是,自卑感与实际存在的缺陷,与我们对实际缺陷的认知,真的毫无关系吗?事实上,它是实际的缺陷和想象的缺陷共同作用的产物。这种自卑感是以下两者的结合:由焦虑所激发的自我贬低倾向和患者对实际存在的缺陷的认知。正如我多次强调的,尽管我们可以成功地将某些冲动拒之于意识之外,但我们最终是无法欺骗自己的。因此,我们讨论的这一类的神经症患者,在内心深处,他知道自己有必须隐藏的竞争倾向,知道自己的态度并不真诚,知道自己表里不一。尽管他从未清晰地认识到这些差异的根源——因为它们来源于受压抑的冲动,但他会将所有这些差异都记录下来,这正是导致他产生自卑感的重要原因。由于不知道它们的来源,所以他关于自卑的解释很少涉及真正的理由,而只是一种合理化的解释。患者之所以将他的自卑感等同于实际存在的缺陷,还有另外一个原因,那就是他在自己的野心之上,建立起一种关于自我价值和重要性的幻想,所以他忍不住要拿自己的实际成就与幻想中的天才或完美之人进行比较。在这种比较中,他的实际行动和真正能力显然比幻想中的人物低劣得多。

所有这些回避倾向,最终会导致神经症患者遭遇真正的失败,或者至少不会取得与其才华和机遇相匹配的成就。那些与他在同一起跑线上的人，在事业上有了更好的发展，取得了更大的成就与荣誉。这种屈居人后的局面，并不仅仅指外在的成功。随着年龄的增长，他会越来越感到自己的潜能和成就之间的鸿沟。他敏锐地感觉到，自己所有的天赋都将被白白浪费，他的人格发展受到了阻碍，他历经岁月也没有变得更成熟。[①] 当他意识到这种差距时，他的反应是隐约的不满，这种不满不是受虐性的，而是真实恰当的。

正如我所指出的，潜能和成就之间的差距，也可能是由外部环境造成的。但在神经症患者身上，这种差距是由其内在冲突导致的，这是神经症的一个不变的特征。患者在现实中遭遇的失败，以及由此导致的潜能和成就之间日益增大的差距，不可避免地会让他已有的自卑感雪上加霜。因此，他不仅认为自己不如理想中的样子，而现实也给了他这样的感觉。由于自卑感有了现实的基础，所以这种差距的影响就更大了。

（四）神经症患者的夸大幻想

同时，高涨的野心与相对贫乏的现实之间的巨大反差，也变得让人难以忍受，以至于需要补偿措施。于是，幻想作为一种补偿手段应运而生。这样，神经症患者越来越多地用浮夸的想法来代替可实现的目标。对他而言，这些夸张的想法具有显著的价值：它们掩盖了患者难以忍受的渺小感；它们让他感受到自己的重要性而又不需要参与任何竞争，因而也就不会遭遇失败或成功的危险；它们容许他建立一座比任何现实的目标都要宏伟的妄想之城。正是这种夸张幻想的毫无出路的价值，使其充满

---

① 荣格曾经明确地指出，一个人的发展在40岁左右会受到阻碍。但是，他没有认识到导致这种情形的条件，所以也没有找到任何满意的解决方案。

了危险，因为与阳光大道相比，这种死胡同对患者来说具有某种明确的好处。

神经症患者的这种夸大幻想，与正常人和精神病患者的夸大幻想都不一样。有时候，即使正常人也会自命不凡，认为自己做的事情无比重要，或沉溺于干一番大事业的幻想中，但这些念头和幻想不过昙花一现，只是生活中的点缀。而有夸大幻想的精神病患者则处在另一个极端。他坚信自己是天才，是日本天皇，是拿破仑，是耶稣，并且拒绝一切与其相悖的现实证据；他完全不能领会任何人的提醒，说他不过是一个可怜的门卫，是精神病院里的病人，是别人轻视或嘲笑的对象。即使他意识到了现实和幻想的差异，他还是会认同自己的夸大幻想，并且认为别人根本不知情，或者是故意轻视他，想要伤害他。

神经症患者介于这两个极端之间。如果神经症患者意识到他对自己做出这种夸大的评价，他会像正常人一样做出反应，例如，假若他发现自己在梦中摇身一变成为皇族成员，他会觉得这样的梦很荒唐可笑。然而，尽管他的夸大幻想在意识层面被当作虚幻的事物，但在情感上却具有实际价值，与它们对精神病患者的价值类似。在这两种情况下，夸大幻想存在的原因是一样的，即它们具有非常重要的功能。尽管这些夸大幻想很脆弱且不稳定，但它们却是患者自尊的支柱，因此，他必须紧紧抓住不放。

当患者的自尊受到打击时，这种功能的危险就会暴露出来。一刹那，自尊的支柱崩塌，患者从半空中跌下，从此一蹶不振。举个例子，一个女孩本来充分相信自己被人所爱，但有一天，她发现对方并没有下定决心要娶她。那个男孩在一次谈话中说，他觉得自己还年轻，经历得太少，还不想结婚；他认为，在走进婚姻围城之前，最好多接触一些别的女孩。这个女孩无法承受这一打击，于是变得抑郁，对工作缺乏信心，对失败产生强烈的恐惧。紧接着，她想要逃离一切，既不愿见人，也不愿工作。这种恐惧是如此强烈，以至于一些令人激动的事情，比如那个男孩后来决定娶她，或者她得到一份更好的工作，也不足以使她安心。

与精神病患者不同，神经症患者会痛苦地、不由自主地准确记录下现实生活中与其幻想不相符的无数琐事。因此，他的自我评价总是飘忽不定：一会儿觉得自己非常伟大，一会儿又觉得自己毫无价值。他随时都可能从一个极端走向另一个极端。在他对自己的非凡价值深信不疑的同时，可能又会对真的有人崇拜他而惊讶不已；或者，在他感到悲惨和痛苦的同时，又会因为别人觉得他需要帮助而感到愤怒。他是如此敏感，就像一个浑身酸痛的人，哪怕最轻微的触碰都会让他立即退缩。因此，他很容易感受到伤害、轻视、忽视、怠慢，并做出愤怒和怨恨的反应。

我们在这里又一次看到“恶性循环”在发挥作用。尽管这些夸大幻想可以提供安全感和心理支持（即使只是想象中的），但它们不仅强化了患者的回避倾向，而且以敏感为媒介，导致了患者更大的愤怒，并因此产生了更多的焦虑。当然，这里说的是重度神经症的情况。但它也会出现在不那么严重的病例中，在这种情况下，甚至连患者本人都不知情。然而，一旦患者能够从事建设性的工作，一种良性循环就会开始。通过这种方式，患者的自尊得到增强，因此，他的夸大幻想也就没多大必要了。

（五）神经症患者的嫉妒和绝望

由于神经症患者缺乏成功——他在许多方面都落后于人，不论是事业还是婚姻、安全感还是幸福感，这使得患者十分嫉妒别人，并因此强化了其他来源产生的嫉妒倾向。有许多因素导致患者压抑自己的嫉妒态度，比如，性格中固有的高傲冷淡，坚信自己无权争取任何东西，根本没有认识到自己的不幸。然而，这种嫉妒越是受到压抑，就越可能投射到别人身上，结果会产生一种近乎偏执的恐惧——害怕别人嫉妒他的一切。这种焦虑可能非常强烈，以至于不管碰到什么好事，比如新的工作、受到赞赏、中大奖、走桃花运，他总是感到焦虑不安。因此，这会极大地强化患者的回避倾向，使他避免拥有任何事物或取得任何成功。

我们暂时抛开细节不谈。神经症患者追求权力、名誉和财富所形成的“恶性循环”，可以粗略概括如下：焦虑、敌意、受损的自尊→追求权力与类似事物→更强的敌意和焦虑→回避竞争（伴随着自我贬低的倾向）→失败，以及潜能与成就之间的差距→更强的自卑感（伴随着对别人的嫉妒）→更强的夸大幻想（伴随着对被嫉妒的恐惧）→更强的敏感性（伴随着新的逃避倾向）→更强的敌意和焦虑，如此循环往复。

然而，若要充分理解嫉妒在神经症中所发挥的作用，我们必须从更综合的角度加以讨论。不管神经症患者是否有所意识，他不仅是一个不快乐的人，而且他看不到任何逃脱不幸的机会。在旁观者看来，神经症患者在寻求安全感的尝试中形成了恶性循环，而患者本人觉得自己陷入了绝望无助的天罗地网。正如一位患者所描述的，他感觉自己被困在一个有许多扇门的地下室，不管他叩开哪扇门，都只会走进新的黑暗。而他自始至终都知道，别人此刻正沐浴着阳光前行。我认为，认识不到神经症中所包含的令人瘫痪的绝望感，就不可能理解任何严重的神经症。有些神经症患者会毫不含糊地表达他们的恼怒，有些患者则会采取看似乐观或无所谓的态度来掩盖。在那些古怪的虚荣、需求和敌意的背后，我们可能很难发现一个人正在承受痛苦，他感觉自己永远被排除在幸福人生之外,知道自己即使得到想要的东西也无法享受。如果我们认识到所有这些绝望和无助,就不难理解神经症患者那些看起来过分的攻击,甚至是刻薄的态度或难以解释的行为。一个被幸福完全抛弃的人,如果对他无法归属的世界不心怀仇恨,那么他就是降落人间的天使了。

现在,我们回到嫉妒的问题。这种逐渐发展的绝望,正是不断产生嫉妒的基础。它并不是对某些特定事物的嫉妒,而是尼采所描述的“生活在嫉妒中”(Lebensneid),这种嫉妒针对每一个感到更安全、更平静、更快乐、更坦率、更自信的人。

如果一个人心中有了这种绝望感,无论这种感觉是否出现在意识层面,他都会设法加以解释。他不会像分析师那样,认为它是一个势不可当的过程的结果;相反,他会认为这要么因别人而起,要么因自己而起。通常,他会同时责备自己和别人,尽管一般而言,这两者当中只有一个比较突出。当他把责任归咎于别人时,就会产生一种指责、控诉的态度,这种态度可能指向一般的命运或环境,也可能指向具体的人,比如父母、老师、爱人、医生。正如我们不断提到的,神经症患者对别人提出的要求,在很大程度上可以从这个角度来理解。神经症患者的思路是这样的:“既然你对我的痛苦负有责任,你就有义务帮助我,而且我有权利要求你这样做。”当他认为罪恶的根源在自己身上时,他会觉得自己的痛苦是咎由自取的。

我们说神经症患者倾向于把责任归咎于别人,可能会使人产生误解。这听起来好像是说,神经症患者提出的控诉是不合理的。事实上,患者有充分的理由提出控诉,因为他确实遭受了不公正的待遇,尤其是在童年时期。然而,他的控诉中仍然有神经症的成分,这些控诉阻碍了他迈向积极的目标,替代了他的建设性努力,而且通常情况下,他的控诉是盲目的、不辨是非的。例如,这些控诉可能指向想要帮助他的人;同时,对那些真正伤害他的人,他又完全感受不到愤怒,也无法表达控诉。

第十三章 神经症患者的罪疚感

由于神经症患者内心充满了恐惧，因此他总是在指责别人和自责之间摇摆不定。其中一个结果是，他产生了一种永恒的和绝望的不确定感，不知道他对别人的批评是否正确，不知道自己是否受到了委屈。

在神经症患者的症状中，罪疚感似乎扮演着重要的角色。有些神经症患者的罪疚感公开而大量地表现出来；而有些神经症患者则试图将其伪装起来，即便如此，它仍然会通过患者的行为、态度、思维方式和反应方式透露出来。在本章，我将对罪疚感存在的各种表现形式做个概述。

我们在上一章提到，神经症患者往往认为自己不配拥有更好的东西，以此来解释自己承受的痛苦。这种痛苦的感觉也许模糊不清、无法明辨，或者隐藏在某些为社会所禁忌的思想或行为背后，比如自慰、乱伦愿望、希望亲人死去。通常，任何一点风吹草动都会让这一类人产生罪疚感。如果有人要见他，他的第一反应是，是不是自己干了坏事，对方要找他算账。如果朋友很长时间没来看他，或者没有写信给他，他就会暗自发问，是不是哪里得罪了朋友。如果事情出了什么纰漏，他总认为是自己的过错。即使明显是别人的过错，明显是别人错怪了他，他还是会责怪自己。不论发生任何利益冲突或争论，他总是盲目地认定别人是对的。

这些随时会爬上心头的潜在的罪疚感，与抑郁状态下明显的、被解释为无意识的罪疚感之间并没有严格的界限。后者常常采取自责的形式，而这些自责通常是荒诞浮夸的。同样，神经症患者一直努力想在自己和他人的眼中显得正当合理，尤其是当这些努力的巨大战略价值没有得到认可时，他更是如此。这也暗示了他们心中存在一种潜伏的、伺机而动的罪疚感。

神经症患者内心一直害怕被人看穿或被人否定，这也进一步暗示了弥散性罪疚感的存在。在与分析师讨论的过程中，患者表现得好像是罪犯和法官的关系，这使得他很难与分析师合作。对于分析师的每一个解释，他都可能将其视为对自己的指责。例如，如果分析师向他表示，在他防御态度的背后隐藏着焦虑，他就会回答："我知道我是个胆小鬼。"如果分析师解释说，他因为害怕遭到拒绝而不敢接近别人，他就会承担全部责任并表明，这样做是设法让生活更轻松一点。他对十全十美的强迫性追求，在很大程度上，正是源于这种避免被任何人反对的需求。

最后，如果在生活中遭遇了不幸的事情，比如损失金钱或发生意外，神经症患者可能会感到更轻松自在，甚至他的某些症状还会消失。基于患者的这种反应，以及有时他似乎会特意挑起一些不利事件——但愿他是无意的，我们似乎可以做出一种假设：神经症患者存在强烈的罪疚感，以至于他需要用惩罚来消除罪疚。

罪疚感的特征

这样，我们似乎有大量的证据表明，神经症患者身上不仅存在强烈的罪疚感，而且这些罪疚感还严重地影响了他的人格。

但是,尽管有这些明显的证据,我们仍然要提出疑问:神经症患者意识层面的罪疚感是否发自内心?而那些暗示着无意识罪疚感的症状和态度,是否可以另作解释?我们提出这些疑问,是基于以下几个因素。

第一个因素是,像自卑感一样,罪疚感也并非完全不受欢迎,神经症患者并不急于摆脱它们。事实上,患者会坚持自己的罪疚感,并拒绝一切为他开脱的企图。这种态度本身就足以表明,就像在自卑感中一样,在他对罪疚感的坚持背后,也必然存在某种具有重要功能的倾向。

第二个因素我们也应该牢记,即真正对某件事感到悔恨或羞耻是痛苦的,而向别人表达这种感受更是令人难受。事实上,神经症患者理应更不喜欢这么做,因为他害怕遭到别人的排斥。然而,神经症患者却可以轻松地表达出这里所说的罪疚感。

第三个因素是,神经症患者的自责,他那经常被认为意味着潜在罪疚感的自责,具有明显的非理性因素。不仅在他那具体的自责中,而且在他自认为不配得到任何善意、赞许和成功的弥散性情感中,他都很有可能走向非理性的极端——从强烈的夸张到纯粹的幻想。

第四个因素是,神经症患者的自责不一定意味着真正的罪疚感,因为在无意识层面,神经症患者根本就不认为自己毫无价值。即使他似乎沉浸于这种罪疚感,但如果别人对他的自责信以为真,他很可能会变得怒不可遏。

第五,也是最后一个因素是,弗洛伊德在讨论忧郁症患者的自责时曾指出过[①]：患者一方面表现出罪疚感，另一方面却缺乏本应该有的谦卑。神经症患者在声称自己毫无用处的同时，可能会强烈地要求别人的关心和崇拜，而且还会表现出明显不愿意接受批评，哪怕是最轻微的批评。这种矛盾可能非常突出，例如，有个女人对新闻报道里的每一桩罪行都会产生模糊的罪疚感，甚至会因为任何一个亲人的去世而自责；但是，当她姐姐有次温和地批评了她，说她不应该要求过多的关心和体谅，她竟然气得当场晕倒。但这种矛盾并非总是如此突出；更多时候，它都被患者隐藏起来了。神经症患者可能会认为，这种自责的态度是一种合理的自我批评。他觉得自己之所以对别人的批评敏感，是因为对方批评的方式不够友好或不具有建设性。但这种想法不过是个幌子，而且与事实不符。实际上，即使明显是友好的建议，也可能引起他的愤怒，因为任何形式的建议，都意味着批评他不够完美。

害怕被人否定

因此，如果仔细探究神经症患者的罪疚感，并检验它的真实性，我们就会发现许多看似罪疚的现象，实际上是焦虑的表现或者对焦虑的防御。在某种程度上，这一点也适用于正常人。在我们的文化中，人们认为敬畏上帝比畏惧人类更高尚一些；或者用非宗教语言来说，出于良心不做坏事比害怕被抓而不做坏事要更高尚一些。许多男人宣称出于爱情而对妻子忠诚，实际上

---

① 西格蒙德·弗洛伊德：《哀伤和忧郁症》(*Mourning and Melancholia*)，《弗洛伊德文集》第4卷，第152—170页，精神分析出版社。卡尔·亚伯拉罕：《力比多发展史初探》(*Versueh einer Entwicklungsgeschichte der Libido*)，精神分析出版社。

只是害怕被妻子发现他偷腥。因为神经症患者存在大量的焦虑,所以他们比正常人更需要用罪疚感来掩盖焦虑。与正常人不同的是,他不仅害怕那些可能发生的后果,而且还会预先想象到那些与现实完全不符的后果。这些想象的性质取决于当时的情境。患者可能对即将发生的惩罚、报复或抛弃产生夸大的想法;或者,他的恐惧也可能完全是模糊的。然而,不论这些恐惧的性质如何,它们都同属一个来源——大体上,我们可以将其描述为对被人否定的恐惧。如果这种对被人否定的恐惧构成了一种信念,我们可以称之为害怕被人看穿。

这种对被人否定的恐惧,在神经症患者中十分常见。即使表面上看起很自信、对别人的意见漠不关心的患者,实际上都极为害怕被否定、被批评、被指责和被人看穿,或者对这些极为敏感。正如我所提到的,这种对被人否定的恐惧,通常被认为是潜在的罪疚感存在的标志。换言之,这种恐惧往往被当作罪疚感的产物。但是,通过批判性观察,我们对这个结论产生了疑问。在分析过程中,患者常常发现他对某些经历或想法难以启齿,例如,与死亡愿望、手淫、乱伦愿望有关的想法。因为他们对这些经历和想法感到非常罪疚,更确切地说,因为他们相信自己罪孽深重,所以才感到无法启齿。当他们获得了充分的信心,并认识到这些经历和想法并没有遭到医生的反对,这些“罪疚感”就消失了。他们感到罪疚,是因为他们的焦虑,因为他们比别人更依赖于外界评价,并总是天真地将其作为自己的判断。而且,即使他决定说出导致罪疚感的经历,即使那些特定的罪疚感消失了,他对被人否定的那种敏感性并没有彻底改变。根据这一观察,我们得出结论:罪疚感并不是害怕被人否定的原因,相反,它是害怕被人否定的结果。

无论是探究罪疚感的形成，还是为了理解罪疚感，这种对被人否定的恐惧都是关键因素。为此，我必须在这里先讨论它的内涵。

对被人否定的不合理恐惧，可能只针对一些朋友，也可能会盲目地扩展至所有人；尽管通常情况下，神经症患者无法清楚地区分朋友和敌人。这种恐惧最初只涉及外部世界，而且它基本上只与别人的反对有关，但是它也可能发生内化。这种内化发生得越多，外界的反对就越来越不重要，而自我反对变得越来越重要。

对被人否定的恐惧可以表现为各种形式。有时，它表现为不断地害怕得罪别人。例如，患者可能害怕拒绝别人的邀请，害怕提出相反的意见，害怕表达任何愿望，害怕偏离既定的标准，害怕别人注意到自己。它也可能表现为害怕别人了解自己；即使他感觉别人喜欢自己，也倾向于退缩，避免被对方看穿，然后把自己抛弃。它还可能表现为，患者极不愿意让别人知道他的任何私事；或者对别人提出的任何私人问题都感到极为愤怒，因为他觉得这是企图打探他的隐私。

在分析过程中，这种对被人否定的恐惧，是阻挠分析的重要因素之一，它使分析师难以进展，且使患者感到痛苦。尽管每个分析各不相同，但所有分析有一个共同点，即患者一方面希望得到分析师的帮助，希望对自己有所了解；但另一方面，他又必然会对抗分析师，把他视为危险的入侵者。正是这种恐惧，使患者在医生面前好像一个罪犯站在法官面前，而且他像罪犯一样下定决心：要否认一切真实想法，设法把医生引入歧途。

有时，这种态度也会表现在梦中。患者可能梦见自己被迫认罪，而他对此感到非常痛苦。我有一个患者，在他的某些压抑倾向快要被分析所揭示时，他做了一个意味深长的白日梦。在梦中，他看见一个小男孩，这个小男孩有个习惯，他会不时地到一个梦幻小岛上寻求庇护。在那里，这个男孩加入了一个由法律管辖的社区，法律禁止让外人知道这座小岛的存在，而且任何入侵者都将会被处死。有一个这男孩深爱着的人碰巧发现了通往这座小岛的路径，虽然在梦里经过多重伪装，但这个人实际上就是分析师。按照法律要求，这个人应该被处死。然而，这个男孩设法救了他，只要他保证永远不回到这座岛上。这个梦通过艺术的形式展现出患者的内心冲突，这一冲突贯穿于整个分析过程中。它反映了患者对分析师既爱又恨的矛盾，因为分析师想侵入他隐藏着的思想和情感，还反映了患者既想隐藏自己的秘密又渴望被人理解的冲突。

如果这种对被人否定的恐惧不是由罪疚感引起的，那么读者可能会问：为什么神经症患者如此担心被人看穿和被人否定呢？

神经症患者对被人否定感到恐惧的主要原因是，他向外界和自己所展示的“假面”[①]与他隐藏在其背后所有的受压抑倾向存在着巨大的差异。尽管神经症患者因为不能表里如一，因为必须保持伪装而感到痛苦(他遭受的痛苦比他意识到的还要多)，但他仍然不得不竭尽全力维护这些伪装，因为它们是保护自己免受潜在焦虑侵袭的铠甲。如果我们认识到，患者对被人否定的恐惧，正是基于这些他必须隐藏起来的东西，我们就能更好地理解，为什么某些“罪疚感”的消失并不能消除他的恐惧。事实上，除了罪疚感之外，患者需要改变的东西还有更多。坦白

① 假面(facade)，相当于荣格所说的“人格面具”(persona)。

地说，他对被人否定的恐惧，正是源于自己人格中的不真诚，更准确地说，是源于害怕别人发现他的这种不真诚。

那么，患者所隐藏的到底是哪些特定的内容呢？首先，他想隐藏的是攻击性一词所涵盖的种种行为。这个术语不仅包括患者的反应性敌意，比如他对别人的愤怒、仇恨、嫉妒和羞辱，而且还包括他对别人所有隐秘的要求。在前文中，我已经详细讨论过这些要求，所以在这里只简单提一下：患者不想依靠自己，不想通过自己的努力来获得想要的东西；相反，他在内心深处只想依赖别人而活，无论是通过支配和剥削，还是通过温情、爱或顺从。一旦有人触及了他的敌意性反应或者隐秘的要求，患者就会产生大量焦虑，这不是因为他感到罪疚，而是因为他感觉自己获得支持的机会受到了威胁。

其次，患者想隐藏的是他的软弱感、不安全感和无助感，想要隐藏他无法坚持自我和他内心的大量焦虑。出于这一原因，他伪装出一个强大的外表。但是，他对安全感的追求越是聚焦于支配他人，他的骄傲就越是与力量相关，他就越是瞧不起自己。他不仅感受到软弱中存在的危险，而且认为软弱是可鄙的，不论是自己还是别人的软弱。同时，他还把任何缺点和不足都归为软弱，不管是不能独立自主，不能战胜内心的障碍，还是不得不接受别人的帮助，或不能摆脱内心的焦虑。由于他在本质上鄙视自己的“软弱”，而且他坚信如果别人发现他的软弱，同样也会鄙视他，所以他不顾一切地想要隐藏这种软弱。但与此同时，他又担心自己迟早会被人看穿，于是他不断地产生焦虑。

（一）神经症患者避免被人否定的方法

因此，神经症患者的罪疚感以及伴随的自责，并不是他害怕被人否定的原因，而是其结果。不仅如此，它们还是对抗这种恐惧的防御措施,我们暂且将其作为患者避免被人否定的第一种方法。它们实现了患者获得安全感和掩盖真实问题的双重目标。而要实现后一个目标,要么不让别人注意到那些想要被隐藏的东西,要么通过夸大其词使它们显得不真实。

下面我来举两个例子,可以说明很多情况。例如,我有一个患者,有一天严厉地指责自己忘恩负义,说自己成了分析师的负担,没有认识到分析师只收取了他很少费用,但是在面谈结束时,他却发现自己忘了带当天的治疗费用。这只是他想不劳而获的证据之一。他那夸大其词、大而无当的自责,在这里和其他场合一样,都起到了模糊具体问题的作用。

再如,有一个聪明成熟的女人,因为自己小时候发脾气而深感罪疚,尽管她在理智上知道,自己发脾气是因为父母蛮横无理的行为,与此同时她也知道,一个人没必要对自己的父母毫无意见。然而,她在这方面的罪疚感仍然非常强烈,以至于她把自己与男人性关系的失败,也看作因为她敌视父母而受到的惩罚。她把自己无法与男人建立性关系归咎于幼稚的愤怒,这就掩盖了真正起作用的因素,比如她自己对男人的敌意,以及她由于害怕被拒绝而产生的退缩。

这些自责不仅可以让自己免于担心被人否定,还可以通过说反话的方式获得正面的安慰。即使不牵涉任何外人,自责也可以提高神经症患者的自尊,让他获得安全感。这是因为自责意味着他有敏锐的道德判断,他会为别人忽略的错误而责备自己,从而最终使他觉得自己很了不起。更重要的是,这些自责让他逃过了内心的焦虑,因为它们基本上不会涉及他对自己不满的真相,所以这相当于为他打开了一扇隐秘之门,让他相信自己实际上没那么糟糕。

在进一步探讨自责的功能之前,我们还需要考虑避免被人否定的其他方法。第二种方法与自责相反,但是同样能够达到目的,那就是让自己永远正确或完美,以此阻止任何批评,让别人的批评站不住脚。在这种防御机制的作用下,患者宛如一个精明善辩的律师,任何行为,即使是明显错误的行为,也会通过诡辩被他说成是合理的。这种态度可能会走向极端:即使无关紧要的事情,比如谈论天气,他们也要坚持正确;因为在这类人看来,任何细节的失误都可能招致全盘皆输。通常情况下,即使是很微小的意见分歧,或是情感方面的不同偏好,都会让这类患者难以忍受,因为在他的思想中,哪怕是最细微的分歧也等同于批评和反对。在很大程度上,这种倾向解释了我们所谓的“伪适应”。有些人尽管患有严重的神经症,但仍设法在自己和周围人眼中看起来“正常”和适应良好,这就是一种“伪适应”。我们几乎可以断定,在这类神经症患者身上,他对被人看穿或被人否定有着极大的恐惧。

神经症患者避免被人否定的第三种方法是,通过假装无知、生病或无助来寻求庇护。我在德国治疗的那个法国女孩,就是一个明显的例子。我在前文曾提到过两个女孩,因为被父母怀疑有智力缺陷,被送到我这里来,我要说的是其中之一。在起初几周的分析中,我也怀疑这个女孩的心智能力;她似乎不理解我说的任何话,尽管她完全听得懂德语。我尝试用更简单的语言重复同样的话,但仍然没有任何回应。最后,发生了两件事,打破了这个僵局。第一件事是,她做了一个梦,梦见我的办公室成了一座监狱,还梦见它成了一间医生办公室。这两个意象都暴露了她害怕被人看穿并因此很焦虑;而后一个意象则说明她害怕任何身体检查。第二件事是发生在她日常生活中的偶然事件。有一次，她没有按照法律的要求出示护照。当她被带去见官员的时候，她假装听不懂德语，希望以此逃脱惩罚。她大笑着向我讲述了这件事，然后她意识到，她对我使用了同样的策略，而且是出于同样的动机。事实证明她是一个非常聪明的女孩，她一直用无知和愚蠢来伪装自己，以此避免被指责和惩罚的危险。

通常来说，一个给人感觉不可靠、行为顽劣的儿童，都是在采取这一策略，以免别人对他太认真。这种态度可能成为某些神经症患者终生的策略。或者，即使他们没有表现得如孩童般顽劣，但他们也可能拒绝直面内心的情感。在分析的过程中，我们可以发现这种态度的作用。那些即将意识到自己攻击倾向的患者，可能会突然感到很无助，突然表现得像个孩子，除了保护和爱之外，他们别无所求。或者，他们可能会做一些梦，梦见自己渺小而无助，要么蜷缩在母亲的子宫里，要么依偎在母亲的怀抱里。

如果这种无助在某个情境中不起作用，那么疾病有可能达到目的。众所周知，生病可以用来逃避困难。与此同时，它还为神经症患者提供了一道屏障，让他自己意识不到这一点，即内心的恐惧使他回避自己本应该处理的问题。例如，一个与上级关系出现问题的神经症患者，可能会借助严重的消化不良来寻求庇护。此时此刻，生病的作用在于，它让患者失去行动的能力。换言之，这是一个让他不去正视自己懦弱的借口。[1]

---

① 如果就像弗兰茨·亚历山大在《对整体人格的精神分析》(*Psychoanalysis of the Total Personality*)中所说的，把这种生病的愿望解释为由于对上级有攻击性冲动而需要受到惩罚，那么患者会很乐意接受这一解释。因为通过这种方式，分析师帮助他有效地避免了面对这一事实，即他有必要维护自己的权利，但他害怕这么做，而且他对自己的懦弱感到愤怒。这样一来，分析师让患者感觉自己非常高尚，以至于任何反对上级的邪恶愿望都让他极为困扰，并因此通过赋予其崇高的道德荣耀而强化了患者本来就有的受虐冲动。

神经症患者避免被人否定的最后一个方法，也是最重要的一个防御措施，就是把自己设想为受害人。如果一个人感觉受到别人的虐待，就不用责备自己利用他人的倾向；感觉自己悲惨地被人忽视，就不用责备自己占有他人的倾向；感觉别人对自己毫无帮助，就隐瞒了自己想要打败别人的倾向。神经症患者频繁地使用这种感觉受害的策略，因为它实际上是最有效的防御方法。它不仅使神经症患者免于自责，同时还让他可以责备别人。

现在，我们再回到神经症患者自责的态度。除了让自己避免对被人否定的恐惧以及获得正面的安慰之外，自责的另一个重要作用是阻止神经症患者看到任何改变的必要性。实际上，这种自责成了改变的替代品。对任何一个人来说，要改变已经发展成熟的人格都是非常困难的，而对神经症患者来说，这个任务更是难于上青天。不仅因为患者更难认识到改变的必要性，还因为焦虑使他的许多态度成为人格的必要组成部分。因此，患者对改变感到万分恐惧，他因此退缩不前，拒绝承认改变的必要性。逃避这种认识的方式之一，就是在内心隐秘地相信，通过自责，他就可以"渡过难关"。我们在日常生活中经常能观察到这个过程。如果有人真的后悔自己做了某件事或者没能做某件事，并因此想要做出补偿或改变导致失败的态度，他就不会让自己淹没在罪疚感之中。如果他真的沉浸于这种罪疚感，就表明他在逃避改变自己的艰巨任务。要知道，悔恨自责确实比痛改前非容易得多。

顺便说一下，神经症患者让自己对改变的必要性视而不见，另一个方法是将自己现有的问题理智化。那些倾向于这样做的患者，热衷于获得心理学的知识，并在此过程中得到极大的满足，这包括对其自身的认识，但也仅限于此。这种理智化的态度被用作一种保护手段，阻止他们在情感上体验任何东西，从而使其认识不到自己必须做出改变。这种情形就好像是，患者一边注视着自己，一边说：瞧，多么有趣啊！

此外，自责还可以用来回避指责别人的危险，因为让自己去承担罪责，似乎是一种更安全的方式。对批评和指责别人的抑制，会强化一个人的自责倾向，这一点在神经症中发挥着重要作用，我们应该进行深入的讨论。

（二）神经症患者对批评和指责的抑制

一般说来，这些抑制的作用是有源头的。如果一个孩子成长于充满恐惧和仇恨的环境，并且这种环境会打击他自发的自尊心，那么他必然会对周围环境产生强烈的怨恨。然而，他不仅无法表达这些怨恨，而且如果他受到足够的恐吓，他甚至不敢在意识层面觉察到这些怨恨。一方面是因为他害怕受到惩罚，另一方面是他害怕失去自己所需要的关爱。这些幼稚的反应在现实中有牢固的基础，因为创造出这种氛围的父母，由于自身异常的敏感性，几乎从来不能接受批评。然而，在我们的文化中，这种认为父母不会犯错的态度普遍存在。[①]由于这种文化态度，父母的地位总是至高无上的，他们依赖这种权威来强迫子女服从。在个别情况下，家庭成员之间的关系由仁爱主导，因此父母没必要强调他们的权威。然而，只要上述文化态度存在，它或多或少会给家庭关系蒙上阴影，即使只是在暗中起作用。

当一种关系建立在权威的基础上，批评往往就会受到禁止，因为它会破坏权威。这种禁止可能是公开的，并通过惩罚来贯

① 埃里希·弗洛姆：《权威与家庭》，马克斯·霍克海默尔（1936）主编。

彻执行。但更有效的做法是，大家对这种禁止心照不宣，并在道德基础上推而广之。这样一来，孩子对父母的批评，不仅受到父母个人敏感性的制约，而且还会受到社会文化的限制，由于普遍的文化态度认为批评父母是一种罪过，所以父母或多或少会影响孩子，使他们接受这样的想法。在这种情况下，一个比较胆大的孩子，可能会表现出反抗，但这种反抗又会使他感到罪疚；而一个比较胆怯的孩子，可能不敢表现任何怨恨，甚至最后不敢想象父母也会犯错。然而，他感觉一定有人错了，于是得出结论：既然父母永远是对的，那么一定是自己错了。不用说，这通常不是一个理智的过程，不是由思维决定的，而是由恐惧决定的情感过程。

这样一来，孩子就会开始感到罪疚，更准确地说，他会形成这样一种倾向：在自己身上寻找错误，而不是冷静地分析利弊，客观地考虑全局。他的自责更可能使他感到自卑，而不是罪疚。神经症患者的自卑与自责之间只有模糊的界限，而且这取决于其周围环境对道德的强调程度。例如，一个女孩总是屈居于姐姐之下，而且出于恐惧，她只能屈服于这种不公平的待遇，并压抑着内心的不满。她可能会告诉自己，这种不公平的待遇是合理的，因为自己本来就比不上姐姐(没她漂亮，没她聪明)；或者她可能认为，这种不公平的待遇是正当的，因为自己是个坏女孩。然而，在这两种情况下，她都是独自承担了所有责任，而没有意识到自己受委屈了。

患者的这种反应方式并不是固定不变的。如果它在儿童身上不是那么根深蒂固，如果儿童的成长环境发生了变化，或者儿童的生活中出现了欣赏和支持他的人，这种反应就可能会改变。但是，如果没有发生这种变化，患者把指责别人转化为自责的倾向就会与日俱增。与此同时，他对整个世界的不满也会日积月累，而他对表达怨恨的恐惧也日益增强，这是因为他越来越害怕被人看穿，并且认为别人和他同样敏感。

然而，认识到一种态度的根源并不足以对它进行解释。无论从实际的角度还是从动力学的角度来看，更重要的问题都是，到底是哪些因素在此时此刻导致了这种态度。我们说，神经症患者难以批评和指责他人，是因为他的成年人格中存在着一些决定性因素。

首先，这种不能提出批评的态度，表明患者缺乏自发的自我肯定。为了理解这一缺陷，可以把这种态度与我们文化中正常人的感受和行为进行比较，比较他们在提出和表达控诉方面的差异，或者更广泛地说，比较他们在攻击和防御方面的差异。正常人能够在辩论中维护自己的观点，能够反驳别人无理的指责、嘲讽或要求，能够在心理或行为上反抗别人的忽视或欺骗。如果他不喜欢某个请求或提议，只要当时的情境允许，他就会加以拒绝。如果有必要的话，他能够感受到并表达自己的批评和指责，或者如果他想的话，他能够刻意回避甚至赶走别人。此外，他还能够捍卫自己或主动出击，而不会出现过激的情绪。他能够在夸大的自责与夸大的攻击性之间保持中庸，而这两个极端会导致一个人对整个世界进行毫无根据的强烈控诉。因此，只有在没有患神经症的情况下，在摆脱了弥散性的无意识敌意以及拥有了稳定的自尊时，一个人才有可能采取中庸之道。

如果一个人缺乏这种自发性的自我肯定，就不可避免地会产生软弱和无助的感觉。正常人知道——也许他根本没有思考过——如果情况需要，他就可以攻击别人或保护自己。这样的人是强大的，拥有力量，他自己也会有这种感觉。如果一个人觉得他做不到这一点，那么他就是虚弱的，并且他也会感觉自己虚弱。无论我们是出于恐惧还是智慧而平息了一场争论，无论我们是出于软弱还是正义而接受了别人的指责，我们都会像电子设备一样准确地将其记录下来，即使我们有可能成功地欺骗有意识的自我。对神经症患者来说，这种对软弱的记录正是他容易恼怒的长久秘密来源。许多人抑郁的症状，都是在他无法为自己的观点辩护，或者无法表达批评意见后出现的。

其次，无法表达批评和指责的另一个因素涉及了基本焦虑。如果一个人觉得外部世界充满敌意，如果他对这个世界感到无助，那么在他看来，任何惹恼别人的行为都是冒险轻率的。对神经症患者来说，这种做法的危险性似乎更大；而且，他的安全感越依赖于别人的爱，他就越害怕失去这种爱。对他来说，惹恼别人的结果，与正常人想象的完全不一样。因为他自认与别人的关系很脆弱，所以他不相信别人与他的关系是牢固的。因此，他觉得惹恼别人便意味着关系彻底的决裂；他觉得自己会被别人无情抛弃，甚至遭到唾弃或憎恨。此外，他还有意或无意地认为，别人也和他一样害怕被看穿或被批评，因此他小心翼翼地对待别人，就像他希望别人对待他那样。他如此害怕提出甚至是感受对别人的控诉，以至于他陷入了一个特殊的境地，正如我们所见，他的内心满是郁积的怨恨。

（三）神经症患者何时表达控诉

事实上，只要我们熟悉神经症患者的行为，就知道他确实会表达大量的控诉，有时是比较隐蔽的形式，有时则是公开和具有攻击性的形式。既然我主张神经症患者非常害怕批评和指责别人，那么就有必要简单讨论一下，这些控诉在什么情况下才会表达出来。

第一，神经症患者的控诉可能在令人绝望的压力下表达出来。更明确地说，当患者感到一无所有时，当他觉得自己不管怎么做都会被拒绝时，这种控诉就会表达出来。例如，如果他努力表现得友好、体贴，但并没有立即得到回应或者遭到了拒绝，他就有可能表达控诉。患者的控诉是一次爆发完毕，还是会长期存在，这取决于他的绝望的持续性。他可能在一次争执中，把对别人的不满全部发泄出来，也可能在一段时间内都持指责的态度。患者所说的都是他内心想表达的，而且也希望别人能够认真对待他说的话。然而，他还是幻想别人能够认识到他内心的绝望，并因此宽恕和原谅他。即使在没有绝望的情况下，患者也有可能表达出控诉，比如，这些指责针对的是他有意识憎恨的人，并且不指望从他们身上得到任何好处。在另一种情况下，也就是我们马上要讨论的情况，这种真情实感的要素几乎消失了。

第二，如果神经症患者感觉自己被人看穿或受到指责，或者存在这种危险，他也会以激烈的方式表达自己的控诉。这时，与被人否定的危险相比，惹恼别人根本算不上什么。他觉得自己正处于危急关头，绝地反击是唯一的出路。就像一只生性敏感的动物，在遇到危险时会拼命反击。在分析过程中，患者可能会对分析师提出强烈的控诉，特别在他害怕某些事情要被揭露时，或者在他做了某件可能遭到否定的事情时。

这种攻击与在绝望的压力下做出的指责有所不同，因为它完全是盲目的。它们不分青红皂白地发泄出来，不管是否存在误伤，因为这一行为是为了躲避眼前的危险，使用什么方法并不重要。虽然这些攻击也会包含一些真实的控诉，但总的来说，它们都是夸大的、荒诞的。患者在内心深处并不相信这些控诉之词，也不期望它们被认真对待。如果有人把它们当真，例如，如果别人与他煞有介事地争论，或者表现出被伤害的迹象，他会感到十分惊讶。

当我们认识到对指责的恐惧是神经症性格结构中的固有部分，并进一步认识到患者是如何处理这种恐惧的，我们就不难理解，为何患者在这方面的行为经常自相矛盾。即使患者内心充满了强烈的不满，但他经常不能表达合理的批评。例如，每次他丢了什么东西，都怀疑是女佣偷的；但如果女佣没有按时做饭，他却没法提出控诉甚至也不会抗议。在某种程度上，神经症患者提出的控诉经常是不真实的，抓不住重点，带有虚假的色彩，是没有根据或完全荒诞的。作为患者，他可能会强烈指责分析师毁了他的人生，但他却无法反对分析师在他面前抽烟。

这些公开表达的指责，通常并不足以让患者发泄心中郁积的全部怨恨。要将所有的怨恨都发泄出来，患者还必须采取间接的方式，让他既能表达自己的怨恨，同时又意识不到自己的行为。有些怨恨是他无意中表现出来的；有些怨恨则是他的移情——从他想要控诉的人身上转移到一个无关的人身上。例如，一个女人对她丈夫的怨恨，可能会转移到女佣身上，因此她通过责骂女佣来表达控诉。或者，这种怨恨会表现为控诉周围的环境或个人的命运。这些方式起到了安全阀的作用，它们本身并不是神经症患者所特有的。神经症患者所特有的方式，是间接地、无意识地以受苦为媒介来表达控诉。通过受苦，神经症患者摇身一变成了一个无辜的受害者。例如，因为丈夫常常很晚回家，他的妻子莫名地生病了，这不仅比大吵大闹更有效地表达了她的怨恨，而且还有一个好处，即她在自己眼里成了无辜的受害者。

第三，患者的控诉会通过受苦表达出来，因为受苦使他的控诉显得合情合理。至于受苦如何有效地表达控诉,取决于患者对控诉的抑制程度。如果他的恐惧不是太强烈,受苦可能表现为公开的、普遍的责备:"看你让我受了多少苦。"这种方式与前文讨论的获取爱的方式也有密切联系,即表达控诉的受苦同时也能乞求怜悯,通过获取爱来补偿自己受到的伤害。患者对控诉的抑制越强,就越少表露出这种受苦的姿态。这种情形可能会走向极端,即神经症患者不会让别人注意到他在受苦。总之,我们发现,神经症患者表现受苦的方式是多种多样的。

由于神经症患者内心充满了恐惧,因此他总是在指责别人和自责之间摇摆不定。其中一个结果是,他产生了一种永恒的和绝望的不确定感,不知道他对别人的批评是否正确,不知道自己是否受到了委屈。他的经验或认知告诉他,他对别人的指责大多没有事实根据,而只是自己的一种非理性反应。这一认识使他更难发现自己是否受到了委屈,从而使他无法在必要时采取坚定的立场。

旁观者很容易看出这些外在现象代表了患者有强烈的罪疚感。这并不意味着观察者也患有神经症,但它确实暗示他与神经症患者的思维及情感都受到了文化的影响。如果要了解文化究竟如何影响我们对罪疚感的态度,就不得不探讨各种历史、文化和哲学的问题,而这将远远超出本书论述的范围。不过,即使完全忽略这些问题,我们也有必要提及基督教观念对道德问题的影响,我将在下一章进行论述。

小 结

关于罪疚感的讨论,可以简单地总结如下:当神经症患者责备自己或者表现出罪疚感时,我们首先应该问的不是“什么让他产生了罪疚感”,而是“这种自责的态度有什么样的作用”。通过观察,我们发现这种自责的主要作用是:它表现了患者对被人否定的恐惧,对这种恐惧的防御,以及避免自己对他人提出指责。

弗洛伊德和大多数追随他的分析师,都倾向于把罪疚感视为基本的动机,这反映了那个时代的思想潮流。弗洛伊德认为罪疚感来源于恐惧,因为他假定恐惧促成了“超我”,然后“超我”导致了罪疚感。但弗洛伊德倾向于认为,超我的要求与罪疚感一旦确立,就会作为根本的动因发挥作用。而进一步的分析表明,即使我们学会了用罪疚感来应付超我的压力,并接受了某种道德标准,但隐藏在罪疚感背后的动机,即便这种动机表现得再间接而微妙,也仍然是对事件后果的恐惧。

如果承认罪疚感本身并不是根本的动机,那么某些精神分析理论就需要修正了,这些理论假定罪疚感——特别是那些弥散性的罪疚感,弗洛伊德称之为无意识罪疚感——是导致神经症的主要因素。在此,我只提及其中三个最重要的理论:第一,患者会产生“消极治疗性反应”,即在治疗中,患者由于无意识的罪疚感而宁愿继续生病;[①]第二,认为“超我”是一个内部结构,会对自我进行惩罚;第三,所谓的道德受虐(moral masochism),把个体的自我折磨解释为他需要惩罚。

---

① 卡伦·霍尼:《消极治疗性反应的问题》(*The Problem of the Negative Therapeutic Reaction*),《精神分析季刊》,第5卷(1936年),第29—45页。

第十四章　神经症受苦的含义
（受虐问题）

受苦成了神经症患者的帮手。受苦和无助，成为他获得爱、帮助和控制的最有效的手段，同时也避免了别人对他提出任何要求。

我们已经看到,神经症患者在与内心冲突做斗争时,会承受大量的痛苦。不仅如此,他还经常把受苦作为达到某些目标的手段,而这些目标由于当前的一些困难很难通过其他方式实现。尽管面对每一种个别情况时,我们都能知晓患者为何将受苦作为手段,以及它要达到的目的,但对于神经症患者为何愿意付出如此巨大的代价,我们仍然感到疑惑不解。从表面上看,患者不去积极地掌控自己的生活,反而滥用受苦的手段去达到某些目的,似乎是由于某种潜在的驱动力。这种驱力大致可以被描述为:一种使自我在坚强和软弱之间选择软弱、在快乐与不幸之间选择不幸的倾向。

由于这种受苦倾向与人性中普遍的积极倾向背道而驰,因此它成了一个巨大的谜,事实上,它成了心理学和精神病学发展的一块绊脚石。显然,这种受苦倾向是受虐狂的基本特征之一。受虐狂这个词,最初涉及的是性反常和性幻想,在这些变态行为中,患者倾向于通过受苦来获得性满足,比如被鞭打、折磨、强奸、奴役和羞辱。弗洛伊德已经认识到,这些性反常和性幻想与一般的受苦倾向(即那些没有明显性内容的受苦倾向)十分类似;后一种倾向被弗洛伊德称为“道德受虐”。由于在性反常和性幻想中,受苦的目的是获得积极的满足,因此他得出结论:所有的神经症受苦都可归因于想要得到满足的愿望,或者简单地说,神经症患者都渴望受苦。他认为性反常和所谓的道德受虐之间,只存在一种意识程度上的差别:在性反常中,对追求满足的过程和结果都是有意识的;而在道德受虐中,这两者都是无意识的。

通过受苦来获得满足,即使在性反常中也很令人费解;而在一般的受苦倾向中,它就变得更加令人匪夷所思了。

人们在解释受虐现象方面做了许多尝试。弗洛伊德关于死本能的假设,就是其中最杰出的代表。[①] 简单地说,这一假设主张人类身上涌动着两种主要的生物力量:生本能和死本能。后者的意图是自我毁灭,当它与性欲冲动相结合时,就会引发性方面的受虐倾向。

受苦的心理功能

现在,我想要提出一个有意思的问题,即这种受苦倾向能否脱离生物学假说,而从心理学角度来进行解释呢?

首先,我必须澄清一种误解,总有人会混淆实际的受苦与受苦倾向。到目前为止,我们没有任何根据得出结论:只要有痛苦存在,就必然存在招惹痛苦甚至享受痛苦的倾向。例如,我不能

---

① 弗洛伊德:《超越唯乐原则》(*Beyond the Pleasure Principle*),《国际精神分析文库》,第 4 卷。

像多伊奇(H. Deutsch)[①]那样,把我们文化中女人承受分娩痛苦这一事实,当作女人有受虐倾向的证据,认为她们隐秘地享受这种痛苦,即使在某些特殊案例中确实如此。事实上,神经症患者所遭受的许多痛苦,与受苦的愿望毫无关系,它们只是当前冲突不可避免的结果。这种痛苦就像一个人骨折后遭受的疼痛一样。在这两种情况下,痛苦的产生都与人们的受苦倾向无关,患者没有从所遭受的痛苦中得到任何好处。神经症中这种痛苦的一个显著特征是,由现有的内心冲突引起的明显焦虑,当然它并非唯一的特征。我们也可以这样来理解其他病态的痛苦,例如,觉察到潜能和成就之间的差距日益增大所带来的痛苦,发现自己深陷困境而感到绝望无助的痛苦,对微不足道的冒犯过分敏感的痛苦,由于患上神经症而深感自卑的痛苦。神经症患者的这些痛苦相当不引人注目,所以,如果我们假设患者希望受苦,就会忽略它背后的真相。当这种情形发生后,我们有时就会好奇:外行人甚至一些精神病学家,究竟在多大程度上,也无意识地对神经症患者所承受的痛苦持轻蔑的态度,就像神经症患者对自己的疾病一样?

在排除了不是由受苦倾向引起的病态痛苦之后,现在,我们来看看那些确实由受苦倾向导致的、属于受虐冲动范畴的病态痛苦。在这些情况中,人们得到的普遍印象是,神经症患者承受的痛苦远超过了有现实依据的痛苦。更具体地说,患者给人留下的印象是:他内心的某种欲望贪婪地抓住所有受苦的机会,甚至设法把各种幸运因子都转变成痛苦因子,他似乎对受苦有一

---

① 多伊奇,《母性和性》(*Motherhood and Sexuality*),《精神分析季刊》,第 2 卷(1933 年),第 476—488 页。

种莫名的迷恋。但事实上，神经症患者给人留下这种印象，在很大程度上，是因为神经症受苦对患者具有特殊的功能。

至于神经症受苦的这些功能，前面几章已经有所讨论，我在这里可以总结一下。对神经症患者来说，受苦具有直接的防御作用，事实上，这可能是他保护自己避免眼前危险的唯一方法。通过自责，患者避免了被人指责或指责别人；通过假装无知或生病，他避免了被人羞辱；通过贬低自己，他避开了竞争的危险。而患者由此给自己带来的痛苦，同样也起着防御作用。

受苦也是患者满足自己需求的一种手段，是他有效地实现要求并将其合理化的一种手段。神经症患者的人生愿望，总是处于矛盾和纠结的状态。一方面，他的愿望是强迫性的、无条件的，这部分是因为这些愿望由焦虑所引发，部分是因为它们没有考虑别人的要求。另一方面，患者肯定和维护自己要求的能力受到极大损害，这是因为他缺乏自发的自我主张，更通俗地说，因为他有一种基本的无力感。这种困境导致的结果便是，患者希望别人来关心他的愿望。他给人的印象是，在其行为背后隐藏着一种信念，即认为别人应该对他的生活负责，如果事情出了差错，应该由别人来承担后果。然而，他并不相信别人会给予他任何东西。这两种信念相互矛盾和冲突的结果是，他觉得必须强迫别人来满足自己的愿望。正是在这种情况下，受苦成了神经症患者的帮手。受苦和无助，成为他获得爱、帮助和控制的最有效的手段，同时也避免了别人对他提出任何要求。

最后，受苦还有一种功能，那就是以伪装的方式表达对别人的指责，这种方式效果十分明显。我们在上一章已对此做过详细讨论。

当我们认识到病态受苦的这些功能，就为这个问题揭开了神秘的面纱。然而,这并不意味着问题得到了完全的解决。尽管受苦具有策略上的价值,但有一个因素为神经症患者渴望受苦的观点提供了支持。那就是,神经症患者所受的痛苦,往往超过了根据其策略目标而应该承受的程度。患者倾向于将痛苦无限放大,让自己沉浸在一种无助、不幸和无价值的感觉中。即使我们知道他夸大了这种情绪,也知道看问题不能只看表面,但这样的事实仍然让我们震惊:由于内心冲突的倾向而产生的失望,使他坠入了痛苦的深渊,而当时的情境远不至于让他承受如此巨大的痛苦。当他取得了一点小成就时,他就会夸张地宣称:绝不能接受任何失败带来的耻辱。如果他没能坚持自己的立场,他的自尊就会像泄了气的皮球,瞬间变得垂头丧气了。在分析过程中,当他需要解决新的问题,不得不面对不愉快的情境时,他就会陷入彻底的绝望。因此,我们仍然需要探究这个问题:为什么他心甘情愿地让自己承受过度的痛苦,以至于超出了其策略目标的需要?

神经症患者主动受苦,并不是为了什么明显的利益,也不是为了打动观众的恻隐之心,更不是为了将自己的意志强加于人而带来的隐秘胜利。尽管如此,神经症患者并非一无所获,只不过那是另一种利益。任何一个自命不凡的人,都无法忍受情感上的失败、竞争中的打击,以及不得不承认自己有明显的缺点或软弱。因此,当患者将其自尊化为乌有时,成功与失败、优越与低劣,对他而言也就没什么区别了。通过夸大自己的痛苦,让自己沉浸在悲惨或无价值的基本感觉中,这种恼人的体验就失去了一定的真实性,而这种特定的痛苦所产生的剧痛也就被麻痹了。在这个过程中,一种辩证的原则在发挥作用,它包含了这样的哲理:在某一个特定的拐点,量变可以转化为质变。换句话说，虽然受苦是令人痛苦的，但迫使自己沉浸于过度的痛苦中，却可以起到麻痹痛苦的作用。

我们可以在一本丹麦小说中找到对这一过程的精彩描述。[①]这本书讲述的是一位作家的故事，他的爱妻在两年前被人先奸后杀了。两年来，他对所发生的任何事情都只有模糊的体验，以此来逃避这种令人难以忍受的痛苦。为了将悲痛赶出意识，他夜以继日地工作，终于完成了一本书。故事就开始于他写完书的那天，即他不得不面对自己痛苦的那个瞬间。第一个场景是他在墓地里，他的脚步把他不知不觉引到了那里。我们看见他沉浸于毛骨悚然的幻想中：蛆虫在啃噬尸体、人们被活埋地下，等等。这些想法令他疲惫不堪，回到了家中，痛苦仍在折磨着他。他不由自主地回忆着悲剧发生的过程。如果那天晚上，他带妻子一起去拜访朋友，如果妻子打电话让他去接她回家，如果她在朋友家中留宿，如果自己出去散步并碰巧在车站遇见她，那么，他妻子也就不会被谋杀。由于强迫性地想象谋杀的过程，他陷入了极度的痛苦中，直到最后失去了意识。到这里为止，这个故事对我们讨论的问题特别有意义。故事的后续情节是，当作家从痛苦的折磨中恢复过来，他仍然需要解决复仇的问题，最终得以面对自己的痛苦。这个故事所呈现的过程，与我们在某些丧葬习俗中看到的情形类似：通过极大地强化痛苦并引诱人们完全沉浸其中，进而帮助人们减轻丧亲之痛。

---

① 奥格·凡·科尔（Aage von Kohl），《穿越黑夜之路》（*Der Weg durch die Nacht*）（德译版）。

为何受苦能带来满足

当我们认识到这种夸大痛苦所具有的麻痹效果,我们就能进一步在受虐冲动中找到可理解的动机。我们看到,这种受苦能够带来某种满足,这种满足存在于受虐的性反常和幻想中,以及存在于一般的神经症受苦倾向中。然而,我们仍需考察一个问题,即为什么这种受苦可以给人带来满足?

为了回答这个问题,我们首先要找出所有受虐倾向的共同特征,更准确地说,是找出隐藏在这些倾向背后基本的生活态度。从这个角度出发,我们就会发现,它们的共同特性是一种内在的软弱感。这种感觉弥散在患者对待自我、他人,以及整个命运的态度中。简而言之,这种感觉可以被描述为一种深刻的无意义感,更准确地说,是一种虚无感。这是一种生命像芦苇一样随风摆动的感觉;一种受他人支配和指使的感觉,表现为过分顺从的倾向或者为了防御而强调支配别人且绝不妥协的倾向;一种依赖于他人的爱和评价的感觉,前者表现为对爱的过度渴望,后者表现为对遭人否定的过分恐惧;一种对自己的生活没有掌控力,而必须让别人承担责任并做决定的感觉;一种善与恶都来自外界,对自己的命运完全无能为力的感觉,他可能消极地感到随时要大难临头,也可能期待不用动一根手指就会有奇迹发生;一种如果别人不提供激励、方法和目标,他就不能生存、工作和享受任何事物的感觉;一种任由他人控制和摆布的感觉。那么,我们应该如何理解这种内在的软弱感呢?归根结底,它难道不是患者缺乏生命力的表现吗?在某些情况下可能确实是这样。但总的来说,神经症患者的生命力和正常人并没有多大差异。

那么,它是基本焦虑所导致的直接后果吗?毫无疑问,这种感觉与焦虑存在某种关系,但如果仅仅是焦虑,则可能导致相反的结果,即迫使个体为了获得安全感而去追求更大的权力、获取更多的力量。

我想真正的答案是:这种内在的软弱感根本就不是事实;人们所感觉到的软弱,以及看似软弱的东西,实际上是软弱倾向所导致的结果。从之前对神经症特征的讨论中,我们可以清楚地了解到:神经症患者在他的自我感觉中,无意识地夸大了自己的软弱并且顽固地坚持这种感觉。然而,我们不仅可以通过逻辑推论发现这种软弱的倾向,而且在治疗中也经常能看到它。患者可能妄想抓住每一个机会,相信自己患有器质性疾病。我有一个患者,每当他遇到了困难,就希望自己患上了肺结核,躺在一所疗养院中,让别人来悉心照料他。这种类型的人,无论面对什么要求,他的第一反应都是顺从,然后又可能走向另一个极端,竭力地拒绝顺从。在分析过程中,患者表现出自我指责,往往是由于他把自己所预期的批评当作了自己的看法,这表明他随时随地准备接受评判。他倾向于盲目地服从权威、依赖别人,抱着"我不行"的态度逃避困难,而不是把困难当作一种挑战,这都进一步证明他的身上存在着软弱倾向。

一般来说,这些包含在软弱倾向中的痛苦,并不能让人在意识层面感到满足。相反,不管它们的目的是什么,都无疑是神经症患者对痛苦的整体意识的一部分。尽管如此,这些软弱倾向的目的仍然是追求满足,即使它们有时并没有实现,或者至少表面上没有实现。但偶尔,我们也可以直接观察到这种目的;有时,甚至可以明显地看到获得满足的目标已经实现。举个例子,有一个患者坐车去乡下看望朋友,结果她感到很沮丧,因为没有人来车站接她,而且有些朋友根本不在家。她说,这整个经历非常令人不快。接下来,她又感觉自己陷入了极度的凄凉和绝望之中。不久之后,她才意识到这种感觉与其诱因完全不成比例。而这种沉浸在痛苦中的做法,不仅减轻了她的痛苦,甚至还能给她带来快乐。

在受虐性质的性幻想和性反常中,这种满足的实现更常见、更明显,比如,在关于被强奸、殴打、羞辱、奴役的幻想中,或者在类似的真实行为中。事实上,这些只不过是同一种软弱倾向的另一种表现形式。

通过沉浸在痛苦中来获得满足,体现了这样一种普遍原则,即通过让自己迷失在某种更强烈的情境中,通过消解自己的个性,通过放弃自我以及各种怀疑、冲突、痛苦、局限和孤独,从而获得满足。[①] 这正是尼采所说的从"个体性原则"中摆脱,也是他所谓"酒神精神"的含义,在他看来,这是人类最基本的追求之一。这种精神与他说的"日神"精神恰恰相反,后者致力于积极塑造和掌控人生。人类学家鲁思·本尼迪克特[②](Ruth Benedict)在解释"酒神精神"时,提到人们尝试引发一种"狂喜"(ecstatic)体验,她还指出,这些倾向在不同的文化中普遍存在,其表现形式是多样化的。

"酒神精神"源于希腊人对酒神狄奥尼索斯的崇拜。这种崇拜和早期的色雷人(Thracians)的崇拜一样,[③]其目的都是尽力放

---

① 这种对从受虐中获得满足的解释,在根本上与弗洛姆在《权威与家庭》中的观点是一致的。

② 鲁思·本尼迪克特(1887—1948),美国人类学家,代表作有《菊与刀》。——译者注。

③ 欧文·罗德(Erwin Rohde):《精神:希腊人对灵魂的崇拜和对不朽的信仰》(*Psyche: the cult of souls and belief in immortality among the Greeks*),1925 年。

大所有的感觉，直到进入幻觉状态。引发“狂喜”体验的手段有：迷人的音乐、疯狂的舞蹈、酩酊大醉、性的放纵，等等，所有这些都是为了达到极度的兴奋与入迷。（“狂喜”一词的字面意思是指一种出神、离开自我的状态。）世界各地都有类似的习俗或仪式：集体方面，人们在节日和宗教活动中放纵狂欢；个人方面，有人沉溺于药物或毒品不能自拔。在人们诱发“酒神”状态的过程中，也能看到疼痛所起的作用。在某些平原印第安部落，居民通过禁食、割肉、捆绑等方式来引发幻觉。在这个部落最重要的仪式——太阳舞中，肉体折磨是诱发狂喜状态的一种常见手段。[①]中世纪的鞭笞教徒（the Flagellantes）就是用鞭打来诱发狂喜状态，新墨西哥州的忏悔教徒（the Penitentes）则会用棘刺、鞭笞和负重等方式来追求狂喜感。

酒神精神在我们文化中虽然并非模式化的经验，但它对我们来说并不陌生。在某种程度上，大家都知道“放弃自我”所带来的满足感。在身体或精神疲劳之后入睡的过程中，甚至在进入麻醉状态的过程中，我们都能体验到“忘我”带来的满足。酒精也能引发相同的效果。在摄入酒精的过程中，毫无疑问，放弃抑制是让人感到满足的一个因素，另一个因素是它减轻了悲伤和焦虑。但是，它最终的目标还是追求忘我和放纵的满足。事实上，很多人都知道，让自己沉浸于强烈的感觉中可以获得一种满足感，无论这种感觉源于爱情、大自然、音乐、对事业的激情，还是性欢愉。那么，我们应该如何解释这些追求所表现出的普遍性呢？

---

① 莱斯利·斯皮尔（Leslie Spier）：《平原印第安人的太阳舞：发展与扩散》（*The Sun Dance of the Plains Indians: Its Development and Diffusion*），《美国自然历史博物馆人类学论文集》，第16卷，第7期（纽约，1921年）。

尽管人的一生可以体验各种快乐,但同时也不可避免会遇到各种悲剧。即使没有特定的痛苦,我们也难逃生老病死的规律。概括地说,人生中一个固有的事实是,个体是有限的、孤独的。他所能理解、完成或享受的东西都是有限的;作为一个独特的实体,他和自己的同胞,以及周围的自然都是分离的。事实上,大多数寻求忘我和放纵的文化都在试图克服这种个体的局限和孤立。我们可以看到,《奥义书》[①](*Upanishad*)对这种追求做出了最优美和恰当的描述:无数条江河涌入大海,不再拥有自己的名字,也不再有自己的形状。通过让自我消解于某种更大的事物,成为这个更大实体的一部分,个体的有限性便在某种程度上得到克服。就像《奥义书》中所说:"通过化为虚无,我们成为宇宙创造之源的一部分。"这似乎是宗教带给人类最大的安慰和满足:通过放弃自我,人们可以与上帝或自然合一。此外,通过投身于一项伟大的事业,同样也能够获得这种满足;因为把自己交给一项事业,我们便感到融入一个更大的整体了。

然而,在我们的文化中,我们看到的更多是一种对自我的相反态度,这种态度强调并高度重视个体的独特性与唯一性。一个人会强烈地感觉他是一个独立的实体,与外部世界是分离的,甚至是相对立的。他不仅坚持这种个体性,而且还从中获得极大的满足。在发展自己特殊潜能的过程中,在掌控自己、征服世界的过程中,在成为有价值的人、从事创造性工作的过程中,他找到了价值和快乐。对这种个性发展的理想,歌德曾表示:"人类最大的幸福就在于人格之发展。"

但是,我们之前讨论过的与此对立的倾向,即脱掉个性的外

① 《奥义书》,印度古代哲学典籍。——译者注

衣、消除其有限性和孤独的倾向，同样是一种根深蒂固的人类态度，同样也包含着潜在的满足。这两种倾向就其本身而言，都不是病理性的；也就是说，保持和发展个性或是牺牲个性，都是解决人类问题的合理目标。

事实上，几乎所有的神经症患者都会直接表现出消除自我的倾向。它可能表现为幻想离家出走，成为一个无家可归的弃儿；可能表现为幻想自己是正在阅读的某本书中的人物；也可能如一位患者所说的，感觉自己迷失在黑暗和海浪之中，最终与其合而为一。这种倾向可以存在于许多事物中，比如，被催眠的愿望，对神秘主义的喜好，某种虚幻不真实的感觉，对睡眠的过度需求，对疾病、疯狂和死亡的渴望。正如前面提到过的，所有的受虐幻想都有一种共同特征，即一种受别人主宰、任别人摆布的感觉，一种被剥夺了一切意志和力量的感觉，一种完全屈服于别人的统治与奴役的感觉。当然，每一种不同的表现都有其特定的方式和自身的内涵。例如，被奴役的感觉，可能只是感到受伤害的普遍倾向的一部分，它既是抵制奴役别人的冲动的防御手段，也是对别人不受自己支配的一种控诉。但除了建立防御和表达敌意的价值之外，它还隐藏了一种放弃自我的正面价值。

对神经症患者而言，无论他屈服于别人还是屈服于命运，无论他选择承受何种类型的痛苦，他所寻求的满足，似乎都是削弱或消解他的自我。这样一来，他不再是一个积极行动的主体，而变成了一个没有自身意志的客体。

当受虐冲动被整合进一种放弃自我的整体倾向中，并通过软弱和受苦来寻求满足时，它就不再让人感到不解了，因为它被放进了一个熟悉的参考框架。[①] 这样,我们便可以解释神经症患者的受虐倾向为何如此顽固:这些受虐倾向,除了作为对抗焦虑的保护手段,同时还能提供一种潜在的或真正的满足感。正如我们所看到的,除了在性幻想或性反常中,这种满足很少能够真正实现,尽管对它的追求是软弱和被动的整体倾向中的一个重要元素。这样,最后一个问题就出来了:为什么神经症患者很难达到忘我和放任的状态,从而获得他所追求的满足呢?

为何神经症患者很难获得满足

阻碍神经症患者获得这种满足的一个重要因素是,他对个人独特性的过分强调在一定程度上抵消了这种受虐冲动。大多数受虐现象和神经症症状一样,其特征都是在各种矛盾的追求之间找到一种妥协。神经症患者倾向于服从别人的意志;与此同时,他又坚持认为自己应该掌控世界。他总是感到被别人奴役;与此同时,他又坚信自己有权支配别人。他希望自己无助并得到别人的照顾;与此同时,他又坚持不仅要独立自主,而且事实上还要无所不能。他通常觉得自己一无是处;但如果别人不把他当作天才看待,他又会气急败坏。事实上,面对这两种极端的情况,特别是当这两种追求都很强烈时,很难找到令人满意的解决方案。

神经症患者身上这种寻求忘我的冲动,比正常人的冲动更

---

① 威廉·赖希(W. Reich)在《精神关联与植物状态》(*Psychisches Korrelat und Vegetative Stroemung*)和《性格分析》(*Ueber Charakteranalyse*)两篇文章中做过相似的尝试,试图解决关于受虐的问题。他也坚持认为,受虐倾向与快乐原则并不冲突。然而,他将受虐倾向置于性的基础上,我所描述的神经症患者为消除个人界限所做的努力,在他看来是为了追求性高潮。

加不可抗拒。因为神经症患者不仅想摆脱人类身上普遍存在的恐惧、局限和孤独，他还想摆脱那种陷入不可调和的冲突中的感觉，以及由这种感觉引发的痛苦。同时，在他身上存在的那种与此对立的冲动，即追求权力和自我扩张的冲动也是不可抗拒的，而且超过了正常人的强度。事实上，他在试图完成一件不可能的事情，希望既拥有一切，又一无所有。例如，他可能完全无助地过着依赖别人的生活，与此同时，他又利用自己的软弱对别人蛮横无理。

患者可能会把这种妥协误认为一种退让的能力。事实上，有时甚至心理学家似乎也倾向于将两者混为一谈，并假定退让本身就是一种受虐态度。然而实际情况恰好相反，有受虐倾向的人根本不可能把自己交给任何事或任何人。例如，他无法专注地去完成一项事业，也不能全心全意地去爱一个人。他可以将自己屈服于苦难，但这种屈服对他来说完全是被动的。那些引起他痛苦的感觉、兴趣或他人，都只是他为了消除自我而采用的工具。这类患者和别人没有积极的互动，只有对个人目标的自我中心式的专注。真正把自己交给一个人或一项事业，是内在力量的一种表现；而受虐性质的屈服，在本质上是软弱的表现。

神经症患者很少能实现自己所追求的满足，另一个原因在于我所描述的其人格结构中固有的破坏性因素。这种因素并不存在于我们所说的“酒神精神”中。在后者中，并没有任何东西类似于神经症人格中的这种破坏性因素，也没有任何东西会破坏一个人成功和幸福的潜能。我们且比较一下希腊人的酒神崇拜和神经症患者疯狂的幻想。在前者身上，他渴望的是短暂的心醉神迷，只为了增加生活的乐趣。而在后者身上，这种追求忘我和放纵的驱力,既不是为了再生而暂时消失,也不是为了让生活更加丰富多彩。它的目标是消除整个痛苦的自我,无论它具有什么价值。因此,人格中尚未受损的部分自然会感到恐惧。事实上,部分人格迫使整个人格对可能发生的灾难产生恐惧,通常是这一过程中对意识造成冲击的唯一因素。神经症患者所知道的,只是他害怕自己变得疯狂。只有把这个过程分解开来,找出它的组成部分,即一种放弃自我的冲动和一种反应性的恐惧,我们才能理解患者是在追求一种明确的满足,但他内心的恐惧阻止了他获得满足。

在我们的文化中,有一个特殊因素加强了与忘我冲动有关的焦虑。那就是,在西方文明中,很少有文化模式能够满足这些冲动,且不论其有无神经症特征。宗教曾经提供了这种可能性,但现在大多数人已经对它失去了兴趣和信仰。事实上,这些冲动的满足不仅没有相应的文化模式,它们的发展还经常受到阻碍。因为在个人主义的文化中,个体被期望独立自主,坚持自己的主张,而且有必要的话,还要为自己的信念而战。在这样的文化背景下,如果有人在现实中表现出放弃自我的倾向,就有可能被整个社会所排斥。

考虑到这一点,即神经症患者对得到他所追求的特定满足有一种恐惧,我们就能理解受虐幻想和性反常对他的价值了。如果放弃自我的冲动仅仅存在于幻想或性行为中,他也许就能逃避完全自我毁灭的危险了。就像酒神崇拜一样,这些受虐行为也提供了短暂的忘我和放纵,而且相对来说,自我受到伤害的风险较小。受虐倾向通常会渗透至整个人格结构,但有时,它们也仅仅集中于性行为,而人格的其他部分相对不受影响。举例来说,有些人在工作中积极进取,富有事业心,并且取得了成功,但他们却强迫性地沉溺于受虐的性反常中，比如穿异性服装，或者扮演淘气的小孩让自己挨打。另一方面，阻止神经症患者为自己的困难找到满意解决方案的恐惧，也可能渗透到他的受虐冲动中。如果这些冲动是关于性的，那么，尽管他对性关系有强烈的受虐幻想，他也可能会完全远离性，表现出对异性的厌恶，或者出现严重的性压抑。

弗洛伊德认为，受虐冲动在本质上跟性有关，他为解释这种现象提出了一系列理论。最初，他认为受虐倾向反映了性发展中一个生物学意义的阶段，即所谓的肛门—施虐阶段。后来，他又补充了这样一种假说，认为受虐冲动与女性气质有着内在的联系，其中隐含着某种想要成为女性的愿望。[①] 正如前面提到的，他最后的假设是，这种受虐冲动是自我毁灭倾向和性冲动的结合，其功能就在于使自我毁灭的冲动变得对个体无害。

与此相反，我的观点可以总结如下：从本质上看，受虐冲动既不是一种性现象，也不是生物学意义上的结果，而是源于人格中的冲突。受虐的目的并不是受苦；和正常人一样，神经症患者也不希望承受痛苦。神经症患者的受苦，虽然具有某些功能，但并不是他想要得到的东西，而是他不得不付出的代价；他所追求的满足不是痛苦本身，而是一种自我消解。

---

① 弗洛伊德：《受虐倾向的经济原则》(*The Economic Principle of Masochism*)，《弗洛伊德文集》，第 2 卷，第 255—268 页；以及《精神分析引论新编》。卡伦·霍尼：《女性受虐狂问题》(*The Problem of Feminine Masochism*)，《精神分析评论》，第 22 期(1935 年)。

第十五章 文化与神经症

在当前社会文化的压力下，即使是最正常的人，也会在成功时觉得自己价值连城，而在失败时感觉自己一钱不值。很显然，这反映了我们的自尊搭建在极不稳定的根基上。

即使经验丰富的分析师，在每次分析中也会遇到新的问题。在每个患者身上，他都可能会遇到从未接触过的困难，例如一些难以辨认、更难以解释的态度，以及乍看之下难以理解的反应。但如果我们回顾一下前文描述的神经症性格结构的复杂性，以及其中包含的诸多因素，那么患者身上的各种症状也就不令人惊奇了。生理遗传、生活经历尤其是童年经历等因素的差异，都会导致神经症性格结构呈现无穷的变化。然而，我们在一开始就指出了，尽管个体之间存在这些差异，但导致神经症的关键冲突总是相同的。一般而言，我们文化中的正常人也会面临同样的冲突。我们不可能把神经症患者和正常人明确地区分开来，这个问题怎么强调也不过分。许多读者从自己的经验中观察到一些冲突和态度，可能会疑惑地问：我是不是神经症患者呢？对此，最有效的判断标准是：是否觉得冲突阻碍了自己的发展，是否能直面这些冲突并直接处理它们。

在我们的文化中，神经症患者受到某些潜在冲突的驱使，正常人也会受到同样冲突的驱使，只不过程度上有所区别。一旦认识到这一点,我们就有必要再次面对一开始提出的问题:究竟是哪些文化因素导致了我所描述的这些冲突,然后又导致了神经症?

弗洛伊德对这个问题的思考是有限的,他选择了生物学取向,放弃了社会学取向,因此,他倾向于把社会现象归因于心理因素,而心理因素又主要归因于生物学因素(力比多理论)。这种倾向导致许多精神分析学家相信这些解释:战争是由人类的死本能导致的;我们的经济体制根植于肛门—性欲驱力(anal—erotic drives);机械时代没有在两千年前出现,是因为那个时期人们很自恋。

在弗洛伊德看来,文化并不是复杂的社会过程的产物,而主要是生物性驱力的产物,这些生物性驱力被压抑或升华的结果是反向形成(reaction formations)[①]。这些生物性驱力受到的压抑越彻底,文明发展的水平就越高。但由于升华的能力是有限的,那些受到强烈压抑的原始驱力,如果没有升华,就会导致神经症。因此,文明的发展进程必然包含了神经症的产生。神经症是人类为文明的发展而不得不付出的代价。

这种思路背后的理论假设是,相信人性是由其生物属性决定的,更准确地说,相信在每个人身上,存在着数量相当的口欲冲动、肛欲冲动、生殖器冲动和攻击冲动。因此,个人之间的差异,文化之间的差异,都源于所受压抑的程度不同,以及这种压抑对各种驱力的不同影响。

然而,历史学和人类学的发现,并没有证实文明的程度与性冲动或攻击冲动的压抑之间存在直接关系。这一观点的错误主

① 反向形成,一种防御机制,即以相反的行为来表达无意识中不能被接受的欲望和冲动。——译者注

要在于，它假设了这种关系是量的关系，而没有注意到质的关系。事实上，这种关系并不是压抑和文明之间的量的关系，而是一种个人冲突和文化困境之间的质的关系。我们当然不能忽视量的因素，但只有在整体结构的框架下，才能对其进行正确评价。

促发神经症的文化因素

在我们的文化中，有一些固有的典型困境，它们反映了每个人生活中的冲突，这些困难如果日积月累，就有可能导致神经症。由于我并不是社会学家，因此，我只能简单地指出与神经症和文化有关的主要倾向。

现代文化在经济上信奉竞争原则。孤立的个体必须与同一群体中的其他人竞争，必须超越别人，而且经常要打败别人。一个人在获益的同时，往往会导致另一个人利益受损。这种情况造成的后果是，人与人之间弥漫着紧张的敌对气氛。每个人都是另一个人的实际或潜在的竞争对手。这种情形在同一个职业群体当中会更加明显，尽管他们努力追求公平，或是设法表现友好礼貌，但也难以掩饰竞争的本质。然而，我们必须强调的是，竞争以及相伴随的潜在敌意，事实上弥散在所有的人际关系中。竞争已经成为现代社会关系中的主导因素之一，它渗透在男性群体之中和女性群体之中，不管竞争的是才华、名气、魅力，还是任何其他社会价值，它都大大阻碍了建立真正友谊的可能性。如前所述，它还扰乱了男性和女性之间的关系，这不仅体现在伴侣选择方面，还体现在伴侣相处的过程中，他们无时无刻不在争夺权势。

竞争还会渗透进学校生活。而最重要的也许是，它渗透进了家庭生活，因此通常情况下，孩子从一开始就被播下了竞争的种子。父子、母女以及子女之间的竞争，并不是一种普遍的人类现象，而是某些文化环境中所特有的。弗洛伊德的伟大成就之一，就是他看到了竞争在家庭中所起的作用，并依此提出了俄狄浦斯情结的概念以及其他假说。然而，我们必须补充一点，这种竞争本身并不是由生物性决定的，而是特定文化条件的产物，而且家庭环境并不是引起竞争的唯一因素，在个体从生到死的过程中，许多相关的刺激都会引发竞争。

这种个体之间潜在的敌意，会导致一个人出现持续不断的恐惧——对别人的潜在敌意的恐惧，这种恐惧又因为害怕自己的敌意遭到别人报复而进一步加强。在正常人心中，恐惧的另一个重要来源是，他预想自己会失败。对失败的恐惧是现实性的，因为失败的概率通常比成功的概率要大得多。此外，在一个竞争激烈的社会中，失败意味着你在追求满足的路上遭到现实的挫折，它们不仅意味着经济上的威胁，还意味着名誉的丧失和各种情绪上的打击。

我们之所以向往成功，另一个原因是它对我们自尊的影响。不仅别人会根据我们做出的成就来评价我们，甚至我们自己，也会不自觉地遵循这种模式来评价自己。当前的社会文化认为，成功源自我们拥有的天赋，或者用宗教语言说，成功来自上帝的恩赐。但实际上，成功受许多因素影响，而且有很多因素不受我们控制，比如，得天独厚的环境，不择手段的冒险，等等。尽管如此，在当前社会文化的压力下，即使是最正常的人，也会在成功时觉得自己价值连城，而在失败时感觉自己一钱不值。很显然，这反映了我们的自尊搭建在极不稳定的根基上。

所有这些因素——竞争以及伴随的人与人之间潜在的敌意、恐惧、低自尊——导致个体在心理上感到自己孤立无援。即使他与别人有交往接触，即使他的婚姻幸福，但他在情感上始终是孤独的。对任何人来说，这种情感孤独都是无法忍受的。如果再加上他对自己忧心忡忡、彷徨不定，就很容易引发一场灾难。

正是这种情形，使我们时代的正常人对爱产生了强烈需求，将其作为一种补偿。获得爱，会使一个人感觉不那么孤单，较少感到敌意的威胁，对自我也更加确定。在我们的文化中，因为爱成为一种重要的需求，所以它的作用被过分强调。就像成功一样，它也成了一个幻影，给人一种错觉，认为有了爱，所有问题都能迎刃而解。爱本身并不是一种错觉，尽管在我们的文化中，它被用来满足各种与爱全然无关的愿望。但是，由于我们赋予了爱过高的期望，超过了它可能实现的程度，因此导致它给人一种错觉。同时社会文化对爱的强调，掩盖了那些使我们对爱产生过分需求的种种因素。因此，个人（我指的仍然是正常人）陷入了一种困境：一方面需要大量的爱，另一方面又难以得到爱。

到现在为止，我所说的这些情况，为神经症的发展提供了肥沃的土壤。一些文化因素会对正常人产生影响，比如，导致极不稳定的自尊、潜在的敌意、担忧、含有恐惧和敌意的竞争，以及对满意的人际关系的迫切需要，等等。同样，这些文化因素也会对神经症患者产生影响，不过影响程度更大，后果也更加严重，比如，导致患者出现崩溃的自尊、破坏性、焦虑、包含焦虑和破坏性冲动的强烈竞争，以及对爱的过度需求，等等。

我们文化中的矛盾倾向

如果我们还记得，无法调和的矛盾倾向是各种神经症中存在的共性，那么问题来了：在我们的文化中，是否存在某些特定的矛盾倾向，它们构成了典型神经症冲突的基础？然而，探究和描述这些文化的矛盾冲突，是社会学家应该完成的任务。在这里，我只想简单地指出我们文化中一些主要的矛盾倾向。

第一种矛盾是竞争和爱之间的矛盾：一方面是竞争和成功，另一方面是博爱和谦逊。我们所做的一切努力，都是为了激励自己攀登成功的巅峰。这意味着我们不仅要有锋芒，而且要有侵略性，能够把别人推到一边。与此同时，基督教的博爱精神又深深地影响着我们。这些精神宣称，我们不应该自私地为自己索求，而应该谦卑忍让；如果左脸被人打了，把右脸也迎上去。在正常范围内，只有两种办法来对付这一矛盾：认真对待其中一种追求，舍弃另一种追求；或者，两个都认真对待，结果是个体在两方面都受到严重抑制。

第二种矛盾是需求和现实之间的矛盾：一方面是我们的需求受到各种鼓励，另一方面是这些需求的满足遇到现实的挫折。在我们的文化中，由于经济上的原因，个人的需求不断受到各种手段的刺激，比如，商业广告、“炫耀性消费”“与邻居攀比”，等等。然而，对大多数人来说，现实生活中存在着许多限制，使这些需求根本得不到完全的满足。对个体来说，这一矛盾产生的后果是，他的欲望与其满足之间不断地产生冲突。

第三种矛盾是自由和限制之间的矛盾：一方面是他所谓的个人自由，另一方面是他所受到的现实限制。我们的社会文化宣称,每个人都是自由的、独立的,可以按照自己的意志来决定自己的生活;“生活的竞技场”向他敞开,如果他有能力,肯努力,就能得到自己想要的一切。事实上,对大多数人来说,这些可能性会受到很多限制。人们经常说“我们无法选择出身”,这句话也可以扩展到生活的各个方面,例如,无法选择和成就某项事业,无法选择娱乐方式,甚至无法自由选择伴侣。这一矛盾产生的结果是:个人觉得拥有决定自身命运的无限力量,与此同时,他又感受到完全的无助和绝望,于是个人在这两种状态之间摇摆不定。

我们文化中这些根深蒂固的矛盾倾向,也正是神经症患者努力想要调和的内心冲突,这些冲突是:他的攻击倾向与屈服倾向,他的过分要求与对一无所获的恐惧,他的自我膨胀与无能为力。神经症患者与正常人仅仅是程度上的区别。正常人能够在不损害人格的情况下应付困难;而在神经症患者身上,所有这些冲突都过于强烈,以至于没有任何令人满意的解决方案。

那些容易患上神经症的人,似乎以一种强烈的形式体验到这些由文化所决定的困境,而且主要是在童年时期体验到这些困境。所以,他要么无法解决这些困境,要么只能以损害人格为代价来解决。某种程度上,我们可以称神经症患者为我们文化中不受待见的继子。

附录 卡伦·霍尼生平与主要著作

卡伦·霍尼既是一位享有盛誉的精神分析理论家，也是一位优秀的精神分析师导师和一位天才的临床实践家，她给后人留下了丰富的思想遗产。

1885 年 出生在德国汉堡附近的一个小村庄。父亲比母亲大 17 岁，且两人感情不和。卡伦有一个大她四岁的哥哥，她觉得哥哥受到父母的偏爱。

1898 年 13 岁，因生病对医生产生深刻印象，立志要当一名医生。

1901 年 经过与父母斗争，进入中学学习。

1903 年 18 岁，遇到了初恋肖尔奇，并将他理想化，赋予他种种自己梦想中的英雄品质。他是“我的爱人，我的勇士，我的快乐”。

1904 年 遇到了罗尔夫。她对罗尔夫的情感在“漠然、友谊和爱情”三者之间摇摆，比友谊更进一步，但不是浪漫的爱情。

1905 年 遇到了恩斯特。比起其他男子，恩斯特对卡伦的“意义大得多，无限得多”，因为他是“唯一一个我能为之痛苦的男子”。

1906 年 遇见洛什和奥斯卡·霍尼。从一开始，卡伦和洛什和奥斯卡之间就是三角关系。卡伦迷上奥斯卡的思想，同时却迷恋洛什的肉体。

1906 年　在母亲的鼓励下，进入大学学习。先后在弗莱堡大学、哥廷根大学和柏林大学学习医学。

1909 年　与奥斯卡·霍尼结婚，婚后育有三个女儿。

1910 年　开始师从弗洛伊德的得意门生亚伯拉罕（Karl Abraham）和萨克斯（Hanns Sachs）接受正统的精神分析训练，并参加柏林精神分析协会。

1915 年　获医学博士学位，并继续接受精神病学和精神分析训练，担任柏林精神分析协会秘书。

1917 年　发表了第一篇精神分析论文《精神分析治疗的技术》。

1920 年　与亚伯拉罕等六人创建了柏林精神分析研究所，并在此从事培训工作。

1932 年　接受美国芝加哥精神分析研究所所长亚历山大（Franz Alexander）的邀请，赴美担任该所副所长。

1934 年　迁居纽约，在那里创办私人诊所，并为纽约精神分析研究所培训精神分析医生，同时加盟纽约社会研究新学院。在此期间，与著名精神分析家弗洛姆（Erich Fromm）过从甚密。

1937 年　在双方都经历多次婚外情之后，卡伦与奥斯卡·霍尼离婚。

1937 年　出版《我们时代的神经症人格》（*The Neurotic Personality of Our Time*），彻底摒弃了弗洛伊德理论的基本前提，强调以文化和人际关系取向来代替前者的生物决定论取向，主张文化在神经症的冲突与防御形成中所起的作用。

1939 年 出版《精神分析新法》(*New Ways in Psychoanalysis*)，对弗洛伊德的理论观点进行了全面清算，建立了自己的精神分析新方法。

1941 年 因为学术观点的分歧，被迫离开纽约精神分析研究所。

1941 年 成立“美国精神分析促进会”，并设立“美国精神分析研究所”作为教学机构，同时创办《美国精神分析杂志》并担任主编。

1942 年 出版《自我分析》(*Self-Analysis*)，把神经症分为情境神经症和性格神经症，认为神经症的性格结构由许多不同的神经症倾向或强迫性驱力构成，并把神经症驱力分为十大类，论述了自我分析的可行性和合理性。

1944 年 与“白天支持她对正统精神分析提出挑战，晚上又与她同眠的魔幻帮手”弗洛姆分裂，后者因为“非医学出身分析师”的身份被迫离开美国精神分析促进会。

1945 年 出版《我们内心的冲突》(*Our Inner Conflicts*)，进一步把神经症驱力概括为三大类型——亲近人、对抗人和回避人，每个人身上都或多或少存在这三种态度，并因此相互产生冲突。书中指出了神经症的冲突和解决的尝试，以及未解决的冲突的后果，并指明了神经症冲突解决的方向。

1950 年 出版《神经症与人的成长》(*Neurosis and Human*

Growth),把人的自我分为:真实的自我、理想的自我和现实的自我。她指出,神经症源自于他人关系的失调,最后的结果则是自我的分离和异化。在本书中,她揭示了神经症造成的自我异化,并提出了乐观而积极的实现自我的途径。

1952 年　因肝癌晚期医治无效,病逝于美国纽约,享年 68 岁。在生命的最后一年,她曾到日本访问五周,参观了日本东京附近的禅院,显示了她对禅宗思想的兴趣。

1967 年　克尔曼(Harold Kelman)将其遗作汇编成《女性心理学》(*Feminine Psychology*)一书,汇总了霍尼关于女性心理的研究论文,她被女性主义者重新发现。

参考文献

(美)伯纳德·派里斯著,方永德等译,《一位精神分析家的自我探索》,上海文艺出版社 1997 年版。

葛鲁嘉,陈若莉著,《文化困境与内心挣扎:霍妮的文化心理病理学》,湖北教育出版社 1999 年版。(注:霍妮即霍尼)